"十三五"应用型本科院校系列教材/物理

U0222496

主　编　李　强

副主编　时培胜

大学物理实验

（第3版）

Experiment of College Physics

哈尔滨工业大学出版社

内容简介

本书精选 30 个实验题目,第一章为基础物理实验部分,内容涵盖力、电、光、热的基础性实验。第二章为综合性物理实验部分,作为选修部分用于选修提高,各专业可根据不同的需要进行选修。为了加强实践动手能力的培养,特别安排了安装收音机的实训项目,所有专业学生都可获得电子电路的实践训练。

本书可作为高等工科院校及师范院校非物理专业类学生的物理实验教材,也可作为相关专业技术人员的参考资料。

图书在版编目(CIP)数据

大学物理实验/李强主编. —3 版. —哈尔滨:
哈尔滨工业大学出版社,2022.2(2025.1 重印)
ISBN 978-7-5603-9897-6

Ⅰ.①大… Ⅱ.①李… Ⅲ.①物理学–实验–高等学
校–教材 Ⅳ.①O4-33

中国版本图书馆 CIP 数据核字(2021)第 280457 号

策划编辑 杜 燕
责任编辑 李长波
出版发行 哈尔滨工业大学出版社
社 址 哈尔滨市南岗区复华四道街 10 号 邮编 150006
传 真 0451-86414749
网 址 http://hitpress.hit.edu.cn
印 刷 哈尔滨市颉升高印刷有限公司
开 本 787mm×1092mm 1/16 印张 11.5 字数 273 千字
版 次 2011 年 2 月第 1 版 2022 年 2 月第 3 版
     2025 年 1 月第 3 次印刷
书 号 ISBN 978-7-5603-9897-6
定 价 36.00 元

序

  哈尔滨工业大学出版社策划的《应用型本科院校"十三五"系列教材》即将付梓,诚可贺也。

  该系列教材卷帙浩繁,凡百余种,涉及众多学科门类,定位准确,内容新颖,体系完整,实用性强,突出实践能力培养。不仅便于教师教学和学生学习,而且满足就业市场对应用型人才的迫切需求。

  应用型本科院校的人才培养目标是面对现代社会生产、建设、管理、服务等一线岗位,培养能直接从事实际工作、解决具体问题、维持工作有效运行的高等应用型人才。应用型本科与研究型本科和高职高专院校在人才培养上有着明显的区别,其培养的人才特征是:①就业导向与社会需求高度吻合;②扎实的理论基础和过硬的实践能力紧密结合;③具备良好的人文素质和科学技术素质;④富于面对职业应用的创新精神。因此,应用型本科院校只有着力培养"进入角色快、业务水平高、动手能力强、综合素质好"的人才,才能在激烈的就业市场竞争中站稳脚跟。

  目前国内应用型本科院校所采用的教材往往只是对理论性较强的本科院校教材的简单删减,针对性、应用性不够突出,因材施教的目的难以达到。因此亟须既有一定的理论深度又注重实践能力培养的系列教材,以满足应用型本科院校教学目标、培养方向和办学特色的需要。

  哈尔滨工业大学出版社出版的《应用型本科院校"十三五"系列教材》,在选题设计思路上认真贯彻教育部关于培养适应地方、区域经济和社会发展需要的"本科应用型高级专门人才"精神,根据前黑龙江省委书记吉炳轩同志提出的关于加强应用型本科院校建设的意见,在应用型本科试点院校成功经验总结的基础上,特邀请黑龙江省9所知名的应用型本科院校的专家、学者联合编写。

  本系列教材突出与办学定位、教学目标的一致性和适应性,既严格遵照学科体系的知识构成和教材编写的一般规律,又针对应用型本科人才培养目标及与之相适应的教学特点,精心设计写作体例,科学安排知识内容,围绕应用讲授理论,做到"基础知识够用、实践技能实用、专业理论管用"。同时注意适当融入新理论、新技术、新工艺、新成果，并且制作了与本书配套的 PPT 多媒体教学课件，形成立体化教材，供教师参考使用。

《应用型本科院校"十三五"系列教材》的编辑出版，是适应"科教兴国"战略对复合型、应用型人才的需求，是推动相对滞后的应用型本科院校教材建设的一种有益尝试，在应用型创新人才培养方面是一件具有开创意义的工作，为应用型人才的培养提供了及时、可靠、坚实的保证。

希望本系列教材在使用过程中，通过编者、作者和读者的共同努力，厚积薄发、推陈出新、细上加细、精益求精，不断丰富、不断完善、不断创新，力争成为同类教材中的精品。

第3版前言

本书是在总结黑龙江东方学院多年物理实验教学经验的基础上编写而成的。根据东方学院的特点,工科类专业范围较广,包括电子、机械、建筑、食品等学科的众多专业,而且目标定位在应用性、职业型、开放式的专门人才上。学院在安排各专业的总体教学计划时,贯彻"基础知识够用,实践技能实用,专业理论管用"的原则,对"大学物理实验"课程的总学时安排为12~36学时,根据各专业开设大学物理理论学时数而定。同时,我们在教学实践中还深深体会到,培养学生的动手实践能力,对注重应用型培养的民办本科院校是至关重要的。因此在编写本书时,我们充分考虑了上述实际情况,做出如下具体安排。

本书精选30个实验题目,第一章为基础物理实验部分,内容涵盖力、电、光、热的基础性实验。第二章为综合性物理实验部分,作为选修部分用于选修提高,各专业根据不同的需要进行选修。为了加强实践动手能力的培养,特别安排了安装收音机的实训项目,所有专业学生都可获得电子电路的实践训练。

在实验原理的叙述上尽可能删繁就简,只介绍本实验所依据公式的物理意义,而不做理论上的数学推导。在介绍实验操作内容时,则尽量做详细的叙述,以求指导学生实际操作。为了使学生更容易掌握记录数据和处理数据的方法,前4个实验中都增补了一个实例示范。将具体的测量数据记录在表格中,并将处理数据的整个过程详尽地演示出来,可以让学生去模仿(样品的数据与学生实测的数据应有所差别)。教学实践表明,这种安排对学生的帮助较大。经过这4个实验训练之后再由学生独立去处理数据。

每次实验的学时定为2学时,这样可以在总学时较少的情况下,多安排一些实验题目。因此每个实验题目的内容必须进行较大幅度的精简,以保证在2学时内完成实验教学的全部内容。

对"测量误差和不确定度"这部分内容的处理,历来是物理实验课特别关注的问题,都是在第一次绪论课中做系统的介绍。根据我们的经验,对一个没有实验经验的初学者,不宜一开始就过多地介绍这部分内容。因此,本书只做较为简要的介绍,目的是使学生初步建立误差的概念,并掌握国际上统一规范实验结果的表达方式。更重要的是,在以后每个实验报告中,始终严格要求学生,使他们逐步提高认识,并允许多次犯错误,不断改正错误,最后达到掌握误差理论的目的。

本书由李强任主编,时培胜任副主编,洪港、陈晨、林春、魏洪玲、张博、景国军参编,编写组成员分工如下:

黑龙江东方学院李强(绪论、第一章实验一～实验十二),时培胜(实验室守则,第一章实验十三～实验十八),洪港(实训项目),陈晨(第一章实验十九～实验二十二),张博(附录一～附录二),林春(第二章第一节实验一～实验五),魏洪玲(第二章第三节实验一～实验三),景国军(第二章第二节)。

物理实验教学是一项集体观念很强的教学活动。多年来,黑龙江东方学院领导和同仁对物理实验室的建设给予了大力的支持,为学生提供了优越的实验环境和条件;物理教研室的领导和同仁积极参与实验教学,为实验教学改革做出了很大的贡献,为此编者表示衷心的感谢!

限于编者水平,书中疏漏及不足之处在所难免,恳请广大读者批评指正。

编 者

2021 年 11 月

目　　录

实验室守则

1. 保持实验室内肃静和环境的整洁。不准在实验室饮食、吸烟，不准把废纸丢弃在实验室。

2. 实验前要认真阅读实验教材，写出预习报告，预习不合格者，不准进行实验。

3. 未了解仪器性能和使用方法之前切勿动手操作仪器，使用仪器时要严格遵守操作规程，不许擅自拆卸仪器。

4. 使用电学仪器时要特别注意电源的极性和电压的大小，连接完电路后一定要检查线路，在确认无误后方可接通电源。测试完毕应立即关闭电源。

5. 实验结束后，须将仪器恢复到实验前状态，整理好实验桌椅后，方可离开实验室。

绪　论

第一节　物理实验课的教学目的和教学程序

一、物理实验课的教学目的

物理实验是高等院校理工科专业一门必修的、独立设置的基础课程,是学生进入大学后所接受的最系统的实验技能训练。它在培养学生用实验手段去观察、发现、分析和研究问题并最终解决问题的能力方面起着重要的作用,也为学生独立地进行科学研究、设计实验方案、正确地选择和使用仪器设备打下了良好的基础。具体的教学目的与要求如下:

(1) 通过观察、测量和分析,加深对物理概念和理论的认识。

(2) 学习物理实验的基本知识、基本方法,培养学生的基本实验技能(包括仪器的选择、调节和使用,测量方法和技巧,实验结果的分析和实验报告的撰写等),提高学生分析问题和解决问题的能力。

(3) 培养严肃认真、实事求是的科学态度和工作作风。

二、物理实验课的教学程序

1. 课前预习

在实验前要认真阅读实验教材,了解本实验的内容和原理,了解所用仪器的结构、性能、调整方法和操作规程,在此基础上写出预习报告。预习报告内容包括以下几个方面:

(1) 实验题目。

(2) 实验目的。

(3) 仪器用具。

(4) 实验原理。简明叙述实验所依据的原理、测量依据的主要公式,说明公式中各量的含义和单位,公式的适用条件;力求做到图文结合(图是指原理图、电路图或光路图)。

(5) 实验步骤(应具体、简明、扼要)。

(6) 绘制数据记录表格(每格应能记录两个以上的数据,以备重测)。

预习报告作为正式报告的一部分,要在课前写好,上实验课时接受教师检查和提问。

2. 实验室操作

（1）仪器的安装和调试。

使用仪器进行观测时，必须满足仪器的正常工作条件（如水平、铅直等），初学者容易出现的问题就是不能耐心细致地调整仪器而急于进行测量，往往得不到好的测量结果。实验时先明确要做什么，应该怎样做，还要懂得为什么要这样做。不了解操作规程，千万不要乱动仪器。

（2）观测。

在明确了实验目的、测量内容和操作步骤并能正确使用仪器后，方可进行正式观测。观测时要精力集中，尽量排除外界干扰（同时也不要影响他人）。实验中应认真思考，仔细观察，对观察到的现象和测得的数据要及时进行分析，判断是否正常与合理。切忌盲目认同。

实验过程中可能会出现故障，遇到这种情况，应立即报告教师，不可擅自处理。情况允许时，可在教师的指导下，分析故障原因，学会排除故障的本领。

（3）记录。

记录就是如实记下所观测的现象和测得的数据。要重视原始数据的记录，因为它是求得实验结果和分析问题的依据。记录数据时应注意以下几点：

① 要将数据直接记录在预习报告的表格中，不可先记录在草纸或教材上再誊写到报告上；

② 记录数据要工整，要让自己和别人都能看懂；

③ 记录数据不可以用铅笔，必须用钢笔、圆珠笔、碳素笔等，以防原始数据灭失；

④ 如发现错误需要改正原有记录，可在原记录上画上一直线，在一旁重记，不允许在原记录上涂改或覆盖掉原记录。保留错误数据的印迹对分析错误的原因大有好处。

3. 写实验报告

实验结束后，要及时处理数据。进行运算时要先写出公式，代入数据，计算结果要注意正确取舍有效数字，同时要做误差分析，求得测量结果的不确定度，最后将实验结果正确、规范地表达在实验报告上。

实验报告是实验工作的总结，要予以重视。报告要写得字迹清楚、条理清晰，不要认为实验报告仅仅是给实验教师看的，而应将其看作一种科学记录，是一篇让人能看懂的学术文献。

实验报告的内容包括前面介绍的预习报告6项内容和数据处理的全部内容，还包括实验讨论。讨论内容由实验人自由发挥，可以是对实验中现象的分析讨论，对实验结果的评价，也可以提出更好的实验方案等。

第二节　　测量误差和不确定度

一、误差的定义和表示

每一个物理量都有一个客观存在的真值，但在测量过程中，由于测量仪器、测量方法、测量环境和测量者的观察力等都不可能做到绝对严密，因此任何测量都不可能测得真

值。也就是说任何测量都存在误差。测量误差的定义为

$$误差 = 测量值 - 真值 \tag{1}$$

误差有以下两种表示方法：

（1）绝对误差，用 ΔN 表示，即

$$\Delta N = N - N_0 \tag{2}$$

式中，N 为测量值；N_0 为真值。ΔN 可能是正值，也可能是负值，且有量纲。它可以比较用不同仪器测量同一个被测物理量的测量准确度。

（2）相对误差，通常用百分数 E 来表示，即

$$E = \frac{\Delta N}{N} \times 100\% \tag{3}$$

相对误差可以比较不同被测物理量的测量准确度的高低。相对误差和绝对误差之间的关系是

$$\Delta N = N \times E \tag{4}$$

二、误差的分类

产生误差的原因有很多，但是依据误差的性质和特点，可将误差分为系统误差和随机误差两大类。

1. 系统误差

在相同条件下多次测量同一物理量，误差的大小和正负都保持恒定，或在条件变化的情况下，误差的大小和正负按一定规律变化，这类误差称为系统误差。比如一只手表与标准时间对表，第一天慢 1 s，第二天慢了 2 s，一周之后就慢了 7 s，这就是系统误差。一般情况下产生系统误差的原因是比较明确的，只要找到原因，就可以设法消除或校正。

2. 随机误差

在相同条件下多次测量同一物理量，每一次测量误差的大小和正负没有确定的变化规律，时大时小，时正时负，呈现无规则的涨落，且无法控制和预测，这样的误差称为随机误差。

随机误差是由偶然的或不确定的因素造成的，故导致其具有单个无规律性。但是，若对某一量值在相同条件下进行一系列多次测量，就此系列多次测量的误差总体而言，应服从统计分布规律。大量的统计数据表明，随机误差服从正态分布规律。如图 1 所示，以误差 ΔN 为横坐标，误差出现的概率 p 为纵坐标。正态分布呈现以下特点：

① 单峰性。绝对值小的误差比绝对值大的误差出现的概率大。

② 对称性。绝对值相等而符号相反的误差出现的概率相同。由此可以导出，随着测量次数的增加，随机误差的代数和趋于零。此性质称为随机误差的抵偿性，这正是多次测量可以减少随机误差的原因。

③ 有界性。在一定的测量条件下，随机误差的绝对值不会超过某一界值。

三、如何处理误差

分析误差的目的，是为了减少误差，提高测量的精确度。系统误差和随机误差的性质

和特点不同,处理方法也不同。

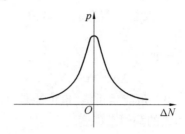

图 1 正态分布图形

对于系统误差,前面说过其出现一般都有较明确的原因,解决的办法就是找出原因,然后采取相应的措施来消除它,或者进行校正,怎样找到原因,采取什么对策,需要实验者具有较高的理论水平和丰富的经验。因此在实验过程中逐渐积累经验、提高实验素养是很重要的。

随机误差产生的原因非常复杂,不能像对待系统误差那样,找出原因加以排除。根据随机误差服从统计规律的特点,在实际中都是用统计的方法来处理。下面给出统计理论的几个结论。

1. 测量结果的算术平均值是测量的最佳值

在相同的条件下对一个物理量 N 做 k 次测量,用 $N_i(i=1,2,\cdots,k)$ 表示每次测量值,$\overline{N}$ 表示测量结果的算术平均值,即

$$\overline{N} = \frac{1}{k}\sum_{i=1}^{k} N_i \tag{5}$$

正态分布的理论证明,当测量次数 $k \to \infty$ 时,平均值 $\overline{N}$ 趋近于真值 N_0,即 $\overline{N} \to N_0$。在实际测量中,用有限次数测量的平均值 $\overline{N}$ 作为测量结果;用 $\overline{N}$ 代替真值来计算每次测量的误差 δ_i,即

$$\delta_i = N_i - \overline{N} \tag{6}$$

2. 随机误差的计算

常用的随机误差的计算方法有两种,即算术平均误差和标准误差。

(1)算术平均误差。

设一个 k 次测量系列,测量值为 $N_i(i=1,2,\cdots,k)$,每次对应的误差由式(6)求得,则测量系列的算术平均误差为

$$\theta = \frac{\sum\limits_{i=1}^{k} |N_i - \overline{N}|}{k} \tag{7}$$

注意,由于随机误差的对称性,它的代数和必然趋于零,因此只能取 δ_i 的绝对值才能求得平均值。

(2)标准误差。

设一个 k 次测量系列,测量值为 $N_i(i=1,2,\cdots,k)$,每次对应的误差为 $\delta_i = N_i - \overline{N}$,则测量系列的标准误差为

$$\sigma = \sqrt{\frac{\sum\limits_{i=1}^{k} (N_i - \overline{N})^2}{k - 1}} \tag{8}$$

算术平均误差 θ 和标准误差 σ 具有同等的意义,都是表征一个测量系列精密度高低的物理量。θ 或 σ 越小,说明测量值 N_i 对于算术平均值 $\overline{N}$ 的离散程度越小,测量的可靠性就越大。反之,测量数据分散,精密度低。θ 与 σ 之间的区别在于它们对同一测量系列的精密度进行衡量时采用的方法不同,计算出来的平均结果稍有差别。两者的关系为

$$\theta \approx \frac{4}{5}\sigma \tag{9}$$

算术平均误差 θ 比标准误差 σ 约小 $\frac{1}{5}$。由统计理论证明,真值 N_0 落在 $\overline{N} \pm \theta$ 之间的概率为 57.5% ,真值 N_0 落在 $\overline{N} \pm \sigma$ 之间的概率为 68.3% (理论上称此范围为"置信区间")。由于用标准误差 σ 来表示测量结果的误差,可信赖的程度比 θ 高,所以国际上普遍采用标准误差。但算术平均误差 θ 算法简单,对于要求不太高的误差计算比较常用。

【例 1】　用毫米尺(最小刻度为 1 mm = 0.001 m)测量实验桌的长度 L,测量 5 次,每次测量估读到 0.000 1 m(数位),数据见表 1。

表 1　例 1 测量数据表

测量次数 i	1	2	3	4	5	$\overline{L}$
L/m	1.205 5	1.205 6	1.205 2	1.205 0	1.205 6	1.205 4
$\delta(= L_i - \overline{L})/\text{m}$	0.000 1	0.000 2	−0.000 2	−0.000 4	0.000 2	

$$\overline{L} = \frac{1}{5}\sum_{i=1}^{5} L_i = 1.205\ 4\ \text{m}$$

$$\theta = \frac{\sum\limits_{i=1}^{5} |L_i - \overline{L}|}{5} = 0.000\ 22\ \text{m}$$

$$\sigma = \sqrt{\frac{\sum\limits_{i=1}^{5} (L_i - \overline{L})^2}{5 - 1}} = 0.000\ 27\ \text{m}$$

四、仪器误差

仪器误差是指在仪器规定的使用条件下,正确使用仪器时的指示数和被测量的真值之间可能产生的最大误差。它的数值通常由制造厂家和计量单位使用更精密的仪器,经过检定、比较后给出,其符号可正可负,用 $\pm\Delta_{仪}$ 表示。如果没有注明,连续读数的仪器一般用最小刻度的 $\frac{1}{2}$ 作为 $\Delta_{仪}$,游标类仪器用游标的最小分度值作为 $\Delta_{仪}$,数字显示的仪表用最小显示值作为 $\Delta_{仪}$。对电工仪表的误差分为基本误差和附加误差两部分,基本误差是由于仪表本身特性及制造、装配缺陷所引起的,基本误差的大小用仪表的引用误差表示,附加误差是由仪表使用时的外界因素影响所引起的,如外界温度、外来电磁场、仪表工作位

置等。为便于查找,表2中给出了几种常用仪器的仪器误差。

表2　常用仪器的仪器误差

仪器名称	最小分度值	仪器误差
米尺	1 mm	0.5 mm
螺旋测微尺	0.01 mm	0.005 mm
游标卡尺	0.02 mm	0.02 mm
电子秒表	0.01 s	0.01 s

五、测量的不确定度

1. 定义不确定度的由来

任何测量结果与客观存在的真值都存在一定的误差,而真值是一个理想的概念,是无法求得的。因此无法按式(1)的定义求得误差精确的数值,只能对误差做近似的估算。估算误差的方法很多,对于测量数据的处理和测量结果的表达,之前很长一段时间在各个国家和不同的学科有不同的认识和规定,这不利于国际交流,也不利于对各种成果做评估和利用。为了规范各领域对测量结果有统一的认识、评价和比较,国际计量局于1980年在《实验不确定度的说明建议书》中建议使用不确定度来评定测量和实验的结果。1993年国际计量局联合7个国际组织正式发布了《测量不确定度表示指南》,为计量标准的国际对比和测量不确定度的表述奠定了基础。我国国家质量技术监督局于1991年正式颁布了《计量技术规范·测量误差及数据处理》,其中规定采用不确定度作为基础研究、测量和实验工作中的误差数字指标的名称,并于2012年发布了新的计量技术规范JJF 1059.1—2012《测量不确定度评定与表示》。现在各国的各行各业都已使用不确定度来评定实验的结果。

2. 不确定度的含义

从字面上来理解,不确定度是表征测量结果由于误差的存在而不能确定的程度。比如用 L 表示例1中实验桌长度的测量结果,获得5次测量值的平均值 $\overline{L} = 1.205\ 4$ m,显然 $\overline{L}$ 不是真值。平均值 $\overline{L}$ 与真值之间存在一定的误差,说明测量结果 L 在一定范围内是不能确定的。这个不能确定的范围有多大呢? 通过对各种误差的分析和估算,可以求得这个范围为 $\Delta = 0.000\ 6$ m,最后,怎样来表达这样一个测量结果呢? 根据国际上统一规定,测量结果应规范地表示为

$$L = (1.205\ 4 \pm 0.000\ 6)\ m$$

$\Delta = 0.000\ 6$ m 称为测量实验桌长度 L 的不确定度。不确定度的评定方法将在下面介绍。

3. 不确定度的评定方法

从例1可看出,不确定度的实质是各种误差总体的近似估算。误差可分为系统误差和随机误差两大类。这两类误差的处理方法不同,随机误差用统计方法处理,系统误差用非统计方法处理。评定不确定度的方法也类似地分为两类:

①A类不确定度 Δ_A。凡是用统计方法计算出来的误差数值,统归为 Δ_A。

②B 类不确定度 Δ_B。凡是不能用统计方法计算而用其他方法估算出来的误差数值，统归为 Δ_B。

对这两类分量进行合成即为测量结果的不确定度，用希腊字母 Δ 表示，即

$$\Delta = \sqrt{\Delta_A^2 + \Delta_B^2} \tag{10}$$

在本实验课程中，为简化计算步骤，对不确定度的评定做如下处理。

①A 类不确定度 Δ_A 用随机误差的标准误差 σ 来表示，即

$$\Delta_A = \sqrt{\frac{\sum_{i=1}^{k}(N_i - \overline{N})^2}{k-1}} \tag{11}$$

②B 类不确定度 Δ_B 用仪器误差 $\Delta_仪$ 来表示，即

$$\Delta_B' = \Delta_仪 \tag{12}$$

例 1 中测量实验桌长度 L 的不确定度 $\Delta = 0.000\,6$ m 就是按式（10）～（12）计算出来的。根据例 1 中的数据，$\sigma = 0.000\,27$ m，约为 $\sigma = 0.000\,3$ m，则

$$\Delta_A = 0.000\,3 \text{ m}$$

在例 1 中用毫米尺来测量，它的最小刻度是 1 mm，所以，仪器误差 $\Delta_仪 = 0.000\,5$ m，则

$$\Delta_B = 0.000\,5 \text{ m}$$

用毫米尺测量实验桌长度 L 的不确定度 Δ 为

$$\Delta = \sqrt{0.000\,3^2 + 0.000\,5^2} = 0.000\,6 \text{ (m)}$$

六、测量结果的规范表达

一般测量分为直接测量和间接测量。

1. 直接测量结果的表达

直接由仪器读出测量值的，称直接测量。这是最简单的测量。处理这类测量数据的程序是：

（1）列表记录各次测量值 N_i，注意有效数字要准确，在仪器最小刻度后要估读一位数字；参见例 1；

（2）求多次测量值的算术平均值 $\overline{N}$；

（3）用平均值作为真值，按式（6）求多次测量误差 δ_i，并由式（8）求标准误差 σ，由式（11）得 Δ_A；

（4）写出仪器误差 $\Delta_仪$，由式（12）得 Δ_B；

（5）计算不确定度，由式（10）得 Δ；

（6）最后写出测量结果：

$$N = \overline{N} \pm \Delta \quad （单位）$$

$$E = \frac{\Delta}{\overline{N}} \times 100\% \tag{13}$$

2. 间接测量结果的表达

在直接测量的基础上，通过一定的函数关系计算出物理量，称间接测量。例如测量实

验桌的面积 S,不能用一个"面积仪"直接读出 S 的数值,而是通过直接测量长度 L 和宽度 D,利用公式 $S = L \cdot D$ 计算出面积的数值。由于测量 L 时存在长度的不确定度 Δ_L,测量 D 时存在宽度的不确定度 Δ_D,因此计算 S 时,必定存在面积的不确定度 Δ_S,换句话说,Δ_S 是由 Δ_L 和 Δ_D 传递过来的。这就叫不确定度的传递。

设间接测量量 N 是由若干个直接测量量 $x, y, z, \cdots$ 通过函数关系 $N = f(x, y, z, \cdots)$ 计算得到的,其中 $x, y, z, \cdots$ 是彼此独立的直接测量量。设 $x, y, z, \cdots$ 的不确定度分别为 $\Delta_x, \Delta_y,$ $\Delta_z, \cdots$,它们必然影响间接测量量,使 N 也有相应的不确定度 Δ_N。由于不确定度是微小的量,相当于数学中的"增量",因此间接测量量不确定度的计算公式与数学中的全微分公式类似。不同之处是:

① 要用不确定度 Δ_x 代替微分 $\mathrm{d}x$;

② 数学中对函数求全微分可能会出现负号,测量中对不确定度 Δ_N 更关切的是它的极限值,所以对各项微分均取绝对值。于是用以下两式来简化地计算间接测量值 N 的绝对不确定度和相对不确定度:

$$\Delta_N = \left| \frac{\partial f}{\partial x} \Delta_x \right| + \left| \frac{\partial f}{\partial y} \Delta_y \right| + \left| \frac{\partial f}{\partial z} \Delta_z \right| + \cdots \tag{14}$$

$$\frac{\Delta_N}{N} = \left| \frac{\partial \ln f}{\partial x} \Delta_x \right| + \left| \frac{\partial \ln f}{\partial y} \Delta_y \right| + \left| \frac{\partial \ln f}{\partial z} \Delta_z \right| + \cdots \tag{15}$$

式(14)和式(15)也称不确定度传递公式。常见函数的不确定度传递公式见表3。

表3 常用函数的不确定度传递公式

函数表达式	不确定度传递公式
$N = x + y$	$\Delta_N = \Delta_x + \Delta_y$
$N = x - y$	$\Delta_N = \Delta_x + \Delta_y$
$N = x \cdot y$	$\dfrac{\Delta_N}{N} = \dfrac{\Delta_x}{x} + \dfrac{\Delta_y}{y}$
$N = \dfrac{x}{y}$	$\dfrac{\Delta_N}{N} = \dfrac{\Delta_x}{x} + \dfrac{\Delta_y}{y}$
$N = \dfrac{x^n \cdot y^m}{z^k}$	$\dfrac{\Delta_N}{N} = n \dfrac{\Delta_x}{x} + m \dfrac{\Delta_y}{y} + k \dfrac{\Delta_z}{z}$
$N = k \cdot x$	$\Delta_N = k \Delta_x$
$N = \sqrt[k]{x}$	$\dfrac{\Delta_N}{N} = \dfrac{1}{k} \dfrac{\Delta_x}{x}$
$N = \sin x$	$\Delta_N = |\cos x| \Delta_x$
$N = \ln x$	$\Delta_N = \dfrac{\Delta_x}{x}$

严格的不确定度传递公式应为

$$\Delta_N = \sqrt{\left(\frac{\partial f}{\partial x} \right)^2 \Delta_x^2 + \left(\frac{\partial f}{\partial y} \right)^2 \Delta_y^2 + \left(\frac{\partial f}{\partial z} \right)^2 \Delta_z^2 + \cdots} \tag{16}$$

$$\frac{\Delta_N}{N} = \sqrt{\left(\frac{\partial \ln f}{\partial x}\right)^2 \Delta_x^2 + \left(\frac{\partial \ln f}{\partial y}\right)^2 \Delta_y^2 + \left(\frac{\partial \ln f}{\partial z}\right)^2 \Delta_z^2 + \cdots} \qquad (17)$$

以上两式计算较烦琐,但由于其精密度高而为国内外普遍使用,是要求较高的测量常用的计算方法。在本实验课程中用式(14)和式(15)做简化计算。

间接测量量结果的表示方法与直接测量量类似,应为

$$N = \overline{N} \pm \Delta_N$$

$$E_N = \frac{\Delta_N}{N} \times 100\% \qquad (18)$$

式中,$\overline{N}$ 为间接测量量的最佳值,由各直接测量量的算术平均值代入函数关系求得;Δ_N 为间接测量量的不确定度,由相应的不确定度传递公式求得。在应用不确定度传递公式时应注意,如果间接测量量的函数形式是若干直接测量量相加减,则采用式(14)先计算绝对不确定度 Δ_N 比较方便;如果函数形式是乘除或连乘,则采用式(15)先计算相对不确定度 $\frac{\Delta_N}{N}$ 比较方便,然后再通过公式 $\frac{\Delta_N}{N} \cdot N$ 求出绝对不确定度。

【例2】　测量实验桌的面积 S。用毫米尺直接测得实验桌的长度 L 和宽度 D,数据见表4。

表4　例2测量数据表

测量次数 i	1	2	3	4	5	$\overline{x}$	σ	$\Delta_仪$	Δ_x
L/m	1.205 4	1.205 6	1.205 2	1.205 0	1.205 6	1.205 4	0.000 3	0.000 5	0.000 6
D/m	0.906 0	0.906 4	0.906 6	0.906 8	0.907 0	0.906 6	0.000 4	0.000 5	0.000 7

计算面积为

$$S = L \cdot D = 1.205\ 4 \times 0.906\ 6 \approx 1.092\ 8(\text{m}^2)$$

计算误差为

$$E = \frac{\Delta_S}{S} = \frac{\Delta_L}{L} + \frac{\Delta_D}{D} = \frac{0.000\ 6}{1.205\ 4} + \frac{0.000\ 7}{0.906\ 6} \approx 0.001\ 2(\text{先计算相对不确定度})$$

$$\Delta_S = 0.001\ 2 \times 1.092\ 8 \approx 0.001\ 3(\text{m}^2)\ (\text{后计算绝对不确定度})$$

测量结果为

$$S = (1.092\ 8 \pm 0.001\ 3)\ \text{m}^2$$

$$E = 0.12\%$$

第三节　有效数字及其运算规则

一、测量结果的有效数字

物理测量中需要记录数据,应记几位数字? 测量结果需要对数据进行运算,运算结果应保留几位数字? 这是数据处理中的一个重要问题,必须按下面的有效数字表示方法和运算规则来正确处理。

1. 有效数字的定义

任何测量仪器都存在仪器误差,在仪器设计中都能保证仪器标尺和最小分度值是准确的,仪器误差是在最小分度值以内,记录测量读数时就应该记到仪器的最小分度值后再估读一位数字。在例 1 中,毫米尺最小分度值是 0.001 m,记录实验桌的长度是 1.205 4 m,这个读数中前四位是尺上准确读出的,称为可靠数字,最末一位数"4"是估计得来的,其估读会因人而异,称为可疑数字,但在一定程度上反映了客观实际,也是有意义的,据此定义:测量结果中所有可靠数字加上末位的可疑数字统称为测量结果的有效数字。

2. 与有效数字有关的几个问题

(1) 0,1,2,…,9 十个数字,每一个数字都可以作为一位有效数字,但"0"比较特殊。"0"在数字中间和数字后位都是有效数字,如 3.08 cm,是三位有效数字,又如 1.215 0 m 是五位有效数字,估读位是"0",它表示物体的末端基本与分度线"对齐","5"是可靠数字。在此情况下,若写成 1.215 m 就不能反映实际的测量精度,因为根据有效数字的定义,末位数"5"变成估读的可疑数字了。"0"在数字前面就不是有效数字,如 0.24 cm、0.024 dm、0.002 4 m 都是只有两位有效数字的同一个测量量,只是用不同的单位表示而已。

(2) 单位换算不能引起有效数字位数变化。如测量地球的半径为 6 371 km(四位有效数字),换算为米单位应写为 6.371×10^6 m 而不应写为 6 371 000 m(七位有效数字)。从数学上两者是相等的,但从测量的意义上两者差别很大,前者的测量误差是 1 km 左右,后者的测量误差是 1 m 左右。

(3) 误差的有效数字取位。误差本身是一个不确定的值,因此,误差通常只取一位到两位,不能多于两位有效数字。

(4) 有效数字与不确定度的关系。测量结果有效数字的最后一位应与绝对不确定度所在的那一位对齐。如例 1 中 $L = (1.205\ 4 \pm 0.000\ 6)$ m;测量值的末位"4"刚好与不确定度 0.000 6 的"6"对齐。又如例 2 中 $S = (1.092\ 8 \pm 0.001\ 3)$ m²,测量值的末两位数"28"与不确定度的"13"对齐。

二、有效数字的运算规则

间接测量是由直接测量经过一定函数关系计算出来的。计算结果应取几位? 应遵从以下规则。

1. 加减运算的有效数字

各量相加(减),其和(差)值最后一位应保留到各量值中最后一位量级最高的那一位上。

例:

$$
\begin{array}{r}
22.1\underline{} \\
+\ 3.27\underline{6} \\
\hline
25.37\underline{6}
\end{array}
\qquad
\begin{array}{r}
26.6\underline{5} \\
-\ 3.92\underline{6} \\
\hline
22.7\underline{24}
\end{array}
$$

数字下面带"_"表示该数字可疑。根据有效数字的定义,加法运算的结果应为25.4；减法运算的结果应为22.72。

2. 乘除运算结果的有效数字

乘除运算结果的有效数字位数通常取参与运算的各数据中有效数字位数最少者相同(有时可多取一位)。

例：

$$
\begin{array}{r}
10.2\underline{5} \\
\times\quad 1.2\underline{5} \\
\hline
512\underline{5} \\
205\underline{0} \\
102\underline{5} \\
\hline
12.812\underline{5}
\end{array}
\qquad
\begin{array}{r}
173.\underline{4} \\
217\,\overline{)\,3764\underline{3}} \\
217 \\
\hline
159\underline{4} \\
151\underline{9} \\
\hline
75\underline{3} \\
65\underline{1} \\
\hline
10\underline{2}\,0
\end{array}
$$

运算结果取 12.8 和 173.4。

3. 函数运算的有效数字

函数运算后所得结果的有效数字取位原则是：首先将自变量的误差值代入相应的误差公式,求得函数结果的误差,再由此误差确定函数运算结果应取到哪一位。

【例3】　已知 $x = 56.7$，$\Delta_x = 0.1$，计算 $N = \ln x$ 之值。

根据误差公式 $\Delta_N = \dfrac{1}{x}\Delta_x = \dfrac{0.1}{56.7} = 0.002$，确定函数 N 应取到 10^{-3} 位，即

$$N = \ln 56.7 = 4.038$$

第四节　　实验数据处理的一般方法

处理实验数据的目的是通过必要的整理、分析和归纳计算得到实验结论。数据处理应用了各种方法和数学工具,下面只介绍常用的列表法、作图法和逐差法。

一、列表法

直接从仪器或量具上读出的未经任何数学处理的数据称为实验测量的原始数据,正确完整地记录原始数据是顺利完成实验的重要保证。记录数据时,把数据列成表格形式,既可以简单而明确地表示出有关物理量之间的对应关系,便于分析和发现数据的规律性,也有助于检验和发现实验中的问题。

列表的具体要求如下：

(1) 表格设计合理,便于看出相关量之间的对应关系,便于分析数据之间的函数关系和进行数据处理。

(2) 标题栏中写明代表各物理量的符号和单位,单位不要重复记在各数值上。

（3）表中所列数据要正确反映测量结果的有效数字。

（4）如发现记录错误，可在原记录上画一直线，在一旁重记；不要在原记录上涂改或覆盖。

（5）实验室所给出的数据或查得的单项数据应列在表格的下部。

二、作图法

作图法是将一系列数据之间的关系或变化情况用图线直观地表示出来，作图的步骤和要求如下所述。

1. 选用合适的坐标纸

常用的坐标纸有直角坐标纸、对数坐标纸、极坐标纸三种，在本实验课中常用直角坐标纸。坐标纸大小的选择，以不损失实验数据的有效数字和能包括所有的测试点为原则，即坐标的最小分度值应与实验数据中最后一位可靠数字相当。

2. 选择坐标轴

以横轴代表自变量，纵轴代表因变量，标出坐标轴代表的物理量名称和单位。

3. 标定坐标值

按简单和便于读数的原则选择图上的读数与测量值之间的比例，一般选用 $1:1$，$1:2$，$1:5$，$2:1$ 等为好。用选好的比例，在坐标轴上等距地标示分度（坐标轴所代表的物理量数值）。

为使图线布局合理，使图线对称地充满整个图纸，而不是偏于一侧或一角，纵横两坐标轴的比例可以不同，坐标轴的起点也不一定从零开始。

4. 标示测试点并画出图线

根据测量数据，用削尖的铅笔在坐标纸上以"＋""×""·"等符号标出测量点。用直尺或曲线板等作图工具，根据不同情况将测试点连成直线或光滑曲线。由于测量存在误差，所有的测试点并不一定都在一条直线或光滑曲线上。因此图线也不可能通过所有的测试点，而是要求测试点均匀对称地分布在图线的两旁。如果个别点偏离太大，应仔细分析情况决定取舍或重新测定。

5. 标注图名

作好图线后，应在图纸适当位置标明图线的名称，必要时在图名下方注明简要的实验条件。

【例4】 伏安法测电阻 R_x 的测量数据见表5，试用作图法求 R_x 值。

表5 伏安法测电阻 R_x 的测量数据

测量次数	1	2	3	4	5	6	7
电压 U/V	0.0	1.0	2.5	4.0	5.4	6.7	8.2
电流 $I/(\times 10^{-3}A)$	0.0	0.5	1.2	1.8	2.5	3.2	3.8

作图步骤：

（1）选取比例。用一张毫米分格的直角坐标纸，根据原始数据，电压 U 共需 9 cm，电流 I 共需 4 cm，因此坐标比例选取 U 为 $1:1$、I 为 $2:1$ 较为合适。图线较为匀称而不致偏于一方。

（2）确定横坐标为电流 I，纵坐标为电压 U，分别以整数进行坐标标度，并注明符号和单位，如图2所示。

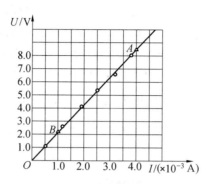

图2　电阻的伏安特性

（3）在坐标纸上用"。"准确标示测试点。

（4）用直尺画连线，使测试点均匀分布在直线两旁。

（5）标出图线名称："电阻的伏安特性"。

（6）通过斜率的方法求电阻 R_x 值。

在直线上选取便于读数的 A、B 两点，并标出其坐标，A（4.00，8.50），B（1.00，2.20），特别注意应尽量增大这两点的间距，以便使 $U_A - U_B$ 和 $I_A - I_B$ 都能保持原来的有效数字位数，从而使计算出的 R_x 保持应有的有效数字位数。

$$R_x = \frac{U_A - U_B}{I_A - I_B} = \frac{8.50 - 2.20}{(4.00 - 1.00) \times 10^{-3}} = 2.10 \times 10^3 (\Omega)$$

三、逐差法

若一物理量（看作自变量）做等间隔改变时测得另一物理量（看作函数）一系列的对应值，为了从这一组实验数据中合理地求出自变量改变所引起的函数值的改变，通常把这一组数据前后对半分成一、二两大组，用第二组的第一项与第一组的第一项相减，第二项与第二项相减 …… 即顺序逐项相减，然后取平均值求得结果，这就称为逐差法。用逐差法处理数据的条件是，自变量是等间距变化的。

【例5】　设弹簧的长度为 $x(\text{cm})$，在外加砝码 $m(\text{g})$ 的重力作用下，弹簧的伸长量 Δx 与所受外重力成正比，即

$$\Delta x = k\Delta m$$

实验每次增加 1.00 g 的砝码（等间距变化）使弹簧长度发生变化，测量数据见表6，试用逐差法求弹簧的刚度系数（也称劲度系数或倔强系数）k。

表6　测量数据

序号	1	2	3	4	5	6	7	8	9	10
m/g	1.00	2.00	3.00	4.00	5.00	6.00	7.00	8.00	9.00	10.00
x/cm	2.00	4.01	6.05	7.85	9.70	11.85	13.75	16.02	17.86	19.94

根据逐差法要求，先将数据对半分成前后两组，序号 1 ～ 5 为第一组，6 ～ 10 为第二

组,再将表6中的 x 按对应顺序逐项相减:

$$x_6 - x_1 = 11.85 - 2.00 = 9.85(\text{cm})$$
$$x_7 - x_2 = 13.75 - 4.01 = 9.74(\text{cm})$$
$$x_8 - x_3 = 16.02 - 6.05 = 9.97(\text{cm})$$
$$x_9 - x_4 = 17.86 - 7.85 = 10.01(\text{cm})$$
$$x_{10} - x_5 = 19.94 - 9.70 = 10.24(\text{cm})$$

则每隔5项差值的平均值(对应砝码增重 $\Delta m = 5.00$ g 弹簧伸长量的平均值 $\overline{\Delta x}$)为

$$\overline{\Delta x} = \frac{1}{5}\sum_{i=1}^{5}(x_{i+5} - x_i) = \frac{1}{5} \times (9.85 + 9.74 + 9.97 + 10.01 + 10.24) \approx 9.96(\text{cm})$$

所以

$$k = \frac{\overline{\Delta x}}{\Delta m} = \frac{9.96 \text{ cm}}{5.00 \text{ g}} \approx 1.99 \text{ cm} \cdot \text{g}^{-1}$$

第五节　用计算器计算平均值和标准误差

在统计运算中,求平均值和标准误差的算式较为繁杂。功能齐备的计算器都设置专门的程序来做统计运算。各种计算器的程序方式略有差异。现以 CASIO fx – 570MS 和 fx – 500ES 两种型号的计算器为例,分别说明统计运算的程序方式。

1. fx – 570MS 计算器统计运算程序(表7)

表7　fx – 570MS 计算器统计运算程序

操作内容	执行键操作	屏幕显示
进入统计模式	MODE MODE 1	SD
清除存储器	SHIFT CLR 1 =	Stat clear
输入数据〈x〉	〈x_1〉 M+ , 〈x_2〉 M+ …	$n = 1, 2, \cdots$
调出数值 $\overline{x}$	SHIFT 2 1 =	$\overline{x}$ 数值
σ_{n-1}	SHIFT 2 3 =	σ_{n-1} 数值

【例6】　试计算表8中数据的平均值 $\overline{x}$ 和标准误差 σ_{n-1}。

表8　例6数据表

1	2	3	4	5	6
1.998	2.002	2.004	2.004	2.006	1.996

操作执行键 | 屏面显示

$\boxed{\text{MODE}}\boxed{\text{MODE}}\boxed{1}$ 　　　　$\boxed{\begin{smallmatrix}SD\\0\end{smallmatrix}}$

$\boxed{\text{SHIFT}}\boxed{\text{CLR}}\boxed{1}\boxed{=}$ 　　　　$\boxed{\text{Stat clear}}$

$\langle1.998\rangle\boxed{\text{M}_+}$ 　　　　$\boxed{\begin{smallmatrix}n=\\1\end{smallmatrix}}$

$\langle2.002\rangle\boxed{\text{M}_+}\langle2.004\rangle\boxed{\text{M}_+}\langle2.004\rangle\boxed{\text{M}_+}\langle2.006\rangle\boxed{\text{M}_+}\langle1.996\rangle\boxed{\text{M}_+}$ 　$\boxed{\begin{smallmatrix}n=\\6\end{smallmatrix}}$

$\boxed{\text{SHIFT}}\boxed{2}\boxed{1}\boxed{=}$ 　　　　$\boxed{\begin{smallmatrix}\bar{x}\\2.001666667\end{smallmatrix}}$ 　$\bar{x}=2.002$

$\boxed{\text{SHIFT}}\boxed{2}\boxed{3}\boxed{=}$ 　　　　$\boxed{\begin{smallmatrix}x\sigma_{n-1}\\3.881580606\times10^{-03}\end{smallmatrix}}$ 　$\sigma=0.004$

2. fx－500ES 计算器统计运算程式（表9）

表9　fx－500ES 计算器统计运算程式

操作内容	执行键操作	屏面显示
进入统计模式	$\boxed{\text{MODE}}\boxed{2}\boxed{1}$	STAT x 1 | 2 | 3 |
输入数据$\langle x\rangle$	$\langle x_1\rangle\boxed{=},\langle x_2\rangle\boxed{=}\cdots$	STAT x 1 | x_1 2 | x_2 3 | x_3
清洗屏面	$\boxed{\text{AC}}$	$\begin{smallmatrix}\text{STAT}\\0\end{smallmatrix}$
调出数值$\bar{x}$	$\boxed{\text{SHIFT}}\boxed{1}\boxed{5}\boxed{2}\boxed{=}$	$\bar{x}$ 数值
$\bar{\sigma}_{n-1}$	$\boxed{\text{SHIFT}}\boxed{1}\boxed{5}\boxed{4}\boxed{=}$	$\bar{\sigma}_{n-1}$ 数值

【例7】　试计算表10中数据的平均值$\bar{x}$和标准误差$\bar{\sigma}_{n-1}$。

表10　例7数据表

1	2	3	4	5	6
1.998	2.002	2.004	2.004	2.006	1.996

操作执行键 | 屏面显示

$\boxed{\text{MODE}}\boxed{2}\boxed{1}$ 　　　　$\begin{smallmatrix}\text{STAT}\\ \quad x\\1\ |\\2\ |\\3\ |\end{smallmatrix}$

$\langle 1.998 \rangle$ =

$\langle 2.002 \rangle$ =

$\langle 2.004 \rangle$ =

$\langle 2.004 \rangle$ =

$\langle 2.006 \rangle$ =

$\langle 1.996 \rangle$ =

AC

SHIFT 1 5 2 =

SHIFT 1 5 4 =

STAT	
	x
1	1.998
2	2.002
3	2.004

STAT	
	x
4	2.004
5	2.006
6	1.996

STAT
0

$\bar{x}$
2.001666667

$\bar{x} = 2.002$

$x\sigma_{n-1}$
$3.881580606 \times 10^{-03}$

$\sigma = 0.004$

第 一 章

基础物理实验

实验一　长度测量

【预习提示】

长度测量是物理实验中最基本的测量。用毫米尺测量长度只能估读到毫米尺最小刻度值的下一位数字,用游标卡尺却可精确读出主尺最小刻度值的下两位数字。本实验的学习重点是:

(1) 了解游标卡尺、螺旋测微尺的结构和原理,掌握其读数方法。

(2) 熟练掌握记录数据、处理数据和正确表达测量结果的方法。

【实验目的】

(1) 学习游标卡尺、螺旋测微尺的测量原理和使用方法。

(2) 测量样品的体积和厚度。

【实验用具】

游标卡尺、螺旋测微尺、圆柱体及铝薄板。

【实验原理】

1. 用螺旋测微尺测铝薄板厚度

用螺旋测微器测量铝薄板厚度时,应选择不同位置多次测量。设每次测量的厚度为 D_i,测量 k 次,获得测量数据 $D_1, D_2, \cdots, D_k$,则铝薄板厚度的平均值为

$$\overline{D} = \sum_{i=1}^{k} \frac{D_i}{k} \tag{1}$$

测量铝薄板厚度的标准误差

$$\sigma = \sqrt{\frac{\sum\limits_{i=1}^{k}(D_i - \overline{D})^2}{k-1}} \tag{2}$$

本实验用的螺旋测微尺最小刻度值为 0.01 mm，则该仪器的仪器误差为 $\Delta_{仪} = 0.005$ mm。

在获得测量结果(1)之后，必须对测量的质量做出评估，即求出测量的不确定度 Δ_D，根据绪论关于不确定度的评定方法，A 类不确定度 Δ_A 由式(2)计算，即

$$\Delta_A = \sqrt{\frac{\sum\limits_{i=1}^{k}(D_i - \overline{D})^2}{k-1}} \tag{3}$$

B 类不确定度 Δ_B 用仪器误差来计算，即

$$\Delta_B = \Delta_{仪} \tag{4}$$

于是，对铝薄板厚度测量的不确定度 Δ_D 为

$$\Delta_D = \sqrt{\Delta_A^2 + \Delta_B^2} \tag{5}$$

相对不确定度为

$$E = \frac{\Delta_D}{\overline{D}} \times 100\% \tag{6}$$

最后，测量结果应表达为

$$D = \overline{D} \pm \Delta_D \quad （单位）$$
$$E = \quad \% \tag{7}$$

2. 用游标卡尺测圆柱体的体积

设圆柱体的直径为 D，高为 H，则体积 V 为

$$V = \frac{1}{4}\pi D^2 H \tag{8}$$

式中 D 和 H 都是直接测量量，为了减少随机误差，对 D 和 H 做多次测量，求出算术平均值 $\overline{D}$ 和 $\overline{H}$，并估算出 D、H 的不确定度 Δ_D 和 Δ_H（参照铝薄板厚度测量的公式(1)～(5)进行计算）。将平均值 $\overline{D}$ 和 $\overline{H}$ 代入式(8)可计算得圆柱体的体积 V 的平均值，即

$$\overline{V} = \frac{1}{4}\pi \overline{D}^2 \overline{H} \tag{9}$$

由于测量直径 D 和高 H 存在不确定度 Δ_D 和 Δ_H，因此由 D 和 H 计算出来的体积 V 必然存在不确定度 Δ_V。应用绪论中不确定度传递公式［绪论中式(14)和(15)］可分别求得体积的绝对不确定度 Δ_V 和相对不确定度 $\frac{\Delta_V}{V}$。在实际工作中，考虑到 V 是由 D 和 H 相乘而得，则采用式(15)先计算相对不确定度较为方便，即

$$E = \frac{\Delta_V}{V} = 2\frac{\Delta_D}{D} + \frac{\Delta_H}{H} \tag{10}$$

体积的绝对不确定度可由下式给出,即

$$\Delta_V = E \cdot V \quad （单位） \tag{11}$$

最后,测量结果应表达为

$$V = \overline{V} \pm \Delta_V \quad （单位）$$
$$E = \quad \% \tag{12}$$

3. 用电子天平测量圆柱体的质量(选做部分)

设圆柱体的质量为 m,则圆柱体的密度为

$$\rho = \frac{m}{V} \tag{13}$$

式中,m 为单次直接测量量;V 为步骤 2 的测量结果。应用不确定度传递公式可分别求得密度的绝对不确定度 $\Delta\rho$ 和相对不确定度 $\dfrac{\Delta\rho}{\rho}$。为方便先计算相对不确定度:

$$E = \frac{\Delta\rho}{\rho} = \frac{\Delta m}{m} + \frac{\Delta V}{V} \tag{14}$$

则密度的绝对不确定度为

$$\Delta\rho = E \cdot \rho \quad （单位） \tag{15}$$

结果表达式为

$$\rho = \overline{\rho} \pm \Delta\rho \quad （单位）$$
$$E = \frac{\Delta\rho}{\rho} = \% \tag{16}$$

【仪器介绍】

1. 螺旋测微尺

螺旋测微尺主要结构分为两部分,如图 1 所示,主尺是固定的标尺(图标号 4),与尺架(标号 1)固定相连,有上下两列分度,其中一列的最小分度是 1 mm,另一列的最小分度是 0.5 mm。读数轮筒(标号 5)与微动螺杆(标号 2)相连,螺距是 0.5 mm,即螺杆旋转一周时,它沿轴线方向前进 0.5 mm,读数轮筒上有 50 个分度,所以轮筒上的分度值是 0.01 mm。注意,读数准线有水平的和垂直的两条,水平的是读数轮筒的圆周分度的读数准线,刻度标在固定标尺上。如图 2(a)所示。垂直的是固定标尺的读数准线,它就是读数轮筒的边缘线。

测量物体长度时,轻轻转动螺杆后端的棘轮旋柄(标号 6),推动螺杆把待测物刚好夹住时即进行读数。读数方法是:① 从固定标尺(主尺)上读出整格数,如图 2(a)为 5.5 mm,图 2(b)为 5.0 mm;② 从读数轮筒上读出 0.5 mm 以下的读数,应估读到 0.001 mm,如图 2(a)和(b)均为 0.150 mm,则物体的长度分别为 5.650 mm[图 2(a)],5.150 mm[图 2(b)]。

使用螺旋测微尺时应注意:

(1)测量前必须检查零点读数并记录在表格中。

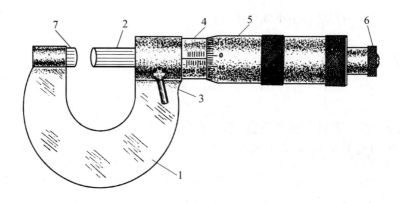

图1　螺旋测微尺

1—尺架；2—微动螺杆；3—锁紧装置；4—固定标尺；5—读数轮筒；6—棘轮旋柄；7—测砧

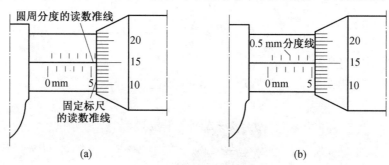

(a)　　　　　　　　　　　　(b)

图2　螺旋测微尺读数

（2）测量时旋进螺杆必须用螺杆末端的棘轮旋柄，以保护测试面不被磨损。听到棘轮发出"喀喀"声就应停止旋进螺杆并进行读数。

2. 游标卡尺

在毫米尺上附加一个能够滑动的有刻度的小尺（叫游标），利用它可以把毫米尺估读的那位数准确地读出来。卡尺主要由两部分构成（图3）：①主尺4与量爪1、1′相连；②游标5与量爪2、2′及深度尺3相连。游标5可沿着主尺滑动。量爪1、2用来测量外径和厚度，量爪1′、2′用来测量内径，深度尺3用来测量槽的深度。6为固定螺钉。

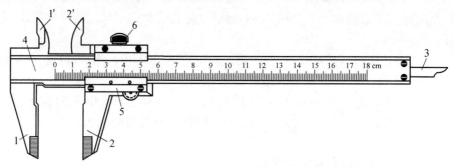

图3　游标卡尺

1、1′、2、2′—量爪；3—深度尺；4—主尺；5—游标；6—固定螺钉

（1）游标卡尺的读数原理。

游标卡尺在构造上的主要特点是：游标上 P 个分格的总长与主尺上 $(P-1)$ 个分格相等。设 y 表示主尺上一个分格的长度，x 表示游标上一个分格的长度，则有

$$Px = (P-1)y \tag{17}$$

$$\delta x = y - x = \frac{1}{P}y \tag{18}$$

δx 是游标的最小分度值，通常称为游标卡尺的精度，常用的游标卡尺见表1。

表1　常用的游标卡尺

主尺分度值 y/mm	1	1	1
游标分格数 P	10	20	50
游标精度值 δx/mm	0.1	0.05	0.02

用游标卡尺测物体的长度，设 L 是待测物的长度，使它的起端和主尺的零点重合。如果末端位于主尺的第 K 和 $K+1$ 刻度之间，如图4所示，则 $L = Ky + \Delta L$。这里 ΔL 在主尺上第 K 与 $K+1$ 分度内，可通过游标准确读出，方法是：将游标的"0"点和 L 的末端重合，因为游标的分度与主尺的分度不等，那么，在游标上总可以找到第 n 个刻度与主尺上第 $K+n$ 个刻度重合或最接近，则

$$\Delta L = ny - nx = n(y - x) = n\delta x$$

于是，待测物的长度为

$$L = Ky + n\delta x \tag{19}$$

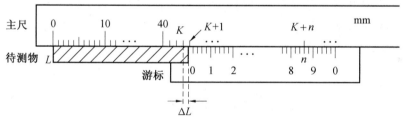

图4　游标卡尺的读数原理

（2）游标卡尺的读数方法。

用游标卡尺测量长度 L 的普遍表达式为式（19）。式中 K 是游标的"0"线所在处主尺刻度的整毫米数，n 是游标的第 n 条线与主尺的某一条线最重合。值得注意的是，游标上的示值不是 n，而是 $n\delta x$，因此读数时直接读出游标上的示值数就是所要求的 ΔL 值。图4表示用精度 0.02 mm 的游标卡尺（即 $P = 50$）测物体长度 L，读数方法如下：

① 在主尺上读出游标"0"线所在处 $K = 43$ mm；

② 在游标上读出与主尺最重合的示值数 $n\delta x = 0.86$ mm；即 $L = 43.86$ mm。

（3）使用游标卡尺注意事项。

① 使用游标卡尺可一手拿待测物，另一手持尺，如图5所示；

② 保护量爪不被磨损。

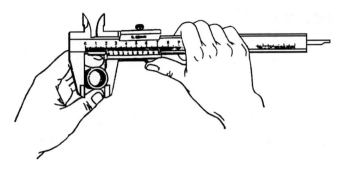

图 5   使用游标卡尺测量

3. 电子天平

本实验用电子天平如图 6 所示。

使用电子天平时,打开电源,液晶显示屏亮,依次显示天平型号等信息,待天平稳定后,显示"0.00"进入称量模式。在秤盘上不加任何物体时,按去皮键"TARE/CAL",可使天平显示"0.00"。在称量模式"0.00"下,将被测物放在秤盘上,即显示被测物质量,待显示器左边"."熄灭后,即表示称量已稳定。该天平的最大称重为 200 g,分辨率为 0.01 g。当被称物质量超过规定范围时,显示"------"表示累计被称物超过规定范围,应立即移去被称物,否则会损坏天平。

使用电子天平注意事项:

① 使用前应按规定通电预热;使用中天平需水平放置,不得震动;

② 皮重和被称物质量之和不得超过称量范围;

③ 严禁将液体洒到天平上,防止任何液体渗漏进电子天平的内部;

④ 不能用电子天平直接称量有腐蚀性的物品。

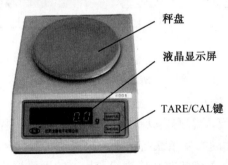

秤盘

液晶显示屏

TARE/CAL键

图 6   电子天平

【实验步骤】

1. 铝薄板厚度测量

(1)用螺旋测微尺测量铝薄板厚度之前,应先检查测微尺的零点,并将零点读数 D_0 记录在表格下方。

(2)确定测微尺的仪器误差 $\Delta_{\text{仪}}$,记录在表格中。

(3)测量铝薄板厚度 5 次(选取不同位置),将测量数据记录在表格中。注意数据的有效数字应读取到仪器误差 $\Delta_{\text{仪}}$ 的数位。

（4）按式（1）和式（2）计算厚度的平均值 $\overline{D}$ 和标准误差 σ（用计算器的统计程序进行操作）。铝薄板厚度的修正值为 $D' = \overline{D} - D_0$

（5）按式（5）和式（6）估算测量不确定度 Δ_D 和 E。

（6）按式（7）完整表达测量结果。

2. 圆柱体体积测量

（1）用游标卡尺测量圆柱体之前，应先确定卡尺的仪器误差 $\Delta_{\text{仪}}$，并记录在数据表格中。

（2）用游标卡尺测量圆柱体直径 D 和高度 H 各 5 次，将测量数据分别记录在表格中。注意数据的有效数字应读到仪器误差 $\Delta_{\text{仪}}$ 的数位。

（3）用计算器的统计功能计算平均值 $\overline{D}$ 和 $\overline{H}$，以及标准误差 σ_D 和 σ_H。同时计算 D 和 H 的不确定度 Δ_D 和 Δ_H。

（4）按式（8）计算圆柱体的体积 V。注意计算结果的有效数字，并标明单位。

（5）按式（10）、式（11）估算体积的测量不确定度 Δ_V 和 E。

（6）按式（12）完整表达测量结果。

3. 圆柱体质量测量（选做部分）

（1）用电子天平测量圆柱体的质量之前，应先使天平调零，再轻轻将圆柱体放在天平上，做单次测量。

（2）天平的仪器误差 $\Delta_{\text{仪}} = 0.01$ g。

（3）按式（13）计算圆柱体的密度。注意计算结果的有效数字，并标明单位。

（4）按式（14）和式（15）估算密度的不确定度 $\Delta\rho$ 和 E。

（5）按式（16）完整表达测量结果。

【数据及处理】（示例）

1. 测铝薄板厚度（表 2）

表 2　测铝薄板厚度

测量次数 i	1	2	3	4	5	$\overline{x}$	σ	$\Delta_{\text{仪}}$	Δ_D
D/mm	1.326	1.324	1.328	1.324	1.322	1.325	0.003	0.005	0.006

零点读数：

$$D_0 = 0.002 \text{ mm}$$

铝薄板厚度修正值：

$$D' = \overline{D} - D_0 = 1.325 - 0.002 = 1.323(\text{mm})$$

测量铝薄板厚度的相对误差：

$$E = \frac{\Delta_D}{D'} \times 100\% = \frac{0.006}{1.323} \times 100\% \approx 0.45\%$$

测量结果：

$$D = (1.323 \pm 0.006)\ \text{mm}$$
$$E = 0.45\%$$

2. 测圆柱体体积(表3)

表3　测圆柱体体积

测量次数 i	1	2	3	4	5	$\bar{x}$	σ	$\Delta_{仪}$	Δ_x
D/cm	3.042	3.042	3.040	3.042	3.042	3.042	0.001	0.002	0.003
H/cm	3.524	3.518	3.520	3.526	3.526	3.523	0.004	0.002	0.005

体积计算：

$$V = \frac{1}{4}\pi\bar{D}^2\bar{H} = \frac{1}{4} \times 3.141\,6 \times 3.042^2 \times 3.523 \approx 25.605\,(\text{cm}^3)$$

不确定度计算：

$$E = 2 \times \frac{\Delta_D}{D} + \frac{\Delta_H}{H} \approx 2 \times \frac{0.003}{3.042} + \frac{0.005}{3.523} \approx 0.003\,4$$

$$\Delta_V = E \cdot V = 0.003\,4 \times 25.605 \approx 0.087\,(\text{cm}^3)$$

测量结果：

$$V = 25.605 \pm 0.087\,(\text{cm}^3)$$
$$E = 0.34\%$$

3. 测圆柱体的密度(选做部分)

密度计算：

$$\rho = \frac{m}{V} = \frac{89.30}{25.605} = 3.487\,6\,(\text{g/cm}^3)$$

不确定度计算：

$$E = \frac{\Delta m}{m} + \frac{\Delta V}{V} = \frac{0.01}{89.30} + \frac{0.087}{25.605} = 0.003\,5$$

$$\Delta\rho = E \cdot \rho = 0.003\,5 \times 3.487\,6 = 0.012\,(\text{g/cm}^3)$$

测量结果：

$$\rho = \bar{\rho} \pm \Delta\rho = (3.488 \pm 0.012)\ \text{g/cm}^3$$

$$E = \frac{\Delta\rho}{\rho} = 0.35\%$$

实验二　　测定液体的黏度

【预习提示】

黏度是液体的重要特性。在工业生产和技术上，有很多涉及液体的场合，如管道输送、机械润滑、飞行器飞行等都要考虑黏度问题。测定液体黏度的方法有很多种，落球法是常用的一种，它适用于黏度较大且透明或半透明的液体。本实验的学习重点是：

（1）了解落球法测黏度的原理和方法。

（2）熟练掌握间接测量量不确定度的计算方法。

【实验目的】

（1）用落球法测定蓖麻油的黏度。

（2）了解校正系统误差的一种方法。

【仪器用具】

螺旋测微尺、毫米尺、温度计、电子秒表、小球、镊子、蓖麻油、玻璃量筒。

【实验原理】

一切实际流体，当相邻两流层各以不同的定向速度运动时，由于流体分子之间的相互作用，就会产生平行于接触面的切向力，即运动快的流层用力 f 使慢的流层加速，运动慢的流层也用同等的力 f 使快的流层减速，这一对力称为黏滞力。

一个小球在液体中运动时，将受到与运动方向相反的摩擦阻力，这种阻力是由于小球表面的液层与邻近液层的摩擦而产生的，其实质是液体的黏滞力。在无限宽广的液体中，若液体的黏滞力较大，小球的直径很小，而且在运动过程中不产生旋涡，则根据斯托克斯定律，小球受到的黏滞力为

$$f = 3\pi\eta du \tag{1}$$

式中　　d——小球直径；

u——小球的运动速度；

η——液体的黏度，单位为帕秒，符号是 Pa·s（国际单位制），1 Pa·s = 1 kg·m^{-1}·s^{-1}。

实验装置如图 1 所示。小球落入液体后受到三个力作用，即浮力 $\rho V g$，重力 mg，黏滞力 f，其中 V 为小球的体积，ρ 为液体的密度，m 为小球的质量，g 是重力加速度，f 由式（1）确定。小球下落之初，速度从 0 开始，黏滞力 f 也较小，重力大于黏滞力和浮力之和，小球做加速度运动，随着小球运动速度 u 增加，黏滞力 f 也增加，当速度达到一定值时，作用在

小球上的各力达到平衡,于是小球处于匀速运动状态。在平衡时有

$$mg = 3\pi\eta du + \rho Vg \tag{2}$$

设小球密度为 ρ_0,即 $m = \frac{1}{6}\pi\rho_0 d^3$,当小球以速度 $u = \frac{L}{t}$ 做匀速运动时(t 为小球从 N_1 到 N_2 距离 L 内的下落时间),代入式(2)得

$$\eta = \frac{(\rho_0 - \rho)gd^2 t}{18L} \tag{3}$$

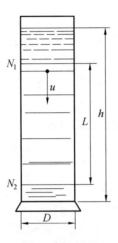

图1　实验装置

注意式(3)是在液体处于无限宽广的条件下推导出来的,但实验条件是,小球是在内径为 D 的量筒中下落,考虑到器壁的影响,式(3)应加修正值,经过修正后的公式为

$$\eta = \frac{(\rho_0 - \rho)gd^2 t}{18L\left(1 + \alpha\dfrac{d}{D}\right)} \tag{4}$$

式中比例系数 α 由实验测定,$\alpha = 2.4$。

【实验步骤】

本实验测量蓖麻油的黏度。考虑到实验时间较少,不做修正,直接由式(3)计算 η 值。

(1)记录蓖麻油的密度 ρ 和小球密度 ρ_0(由实验室给出)。

(2)用毫米尺测量玻璃量筒 N_1N_2 之间的距离 L。

(3)用螺旋测微器测量小球直径 d,每测一个小球,就把它落入液体中,用电子秒表记录小球下落 N_1N_2 距离的时间 t,共测5个小球(注意放小球下落时应尽量接近量筒的中心轴线)。

(4)测量实验前后实验室的环境温度 T_1 和 T_2,并记录在表格中。

(5)将测量数据代入式(3)计算蓖麻油的黏度。

(6)由不确定度传递公式计算黏度的相对不确定度和绝对不确定度。

$$E = \frac{\Delta\eta}{\eta} = 2\frac{\Delta_d}{d} + \frac{\Delta_t}{t} + \frac{\Delta_L}{L}$$

$$\Delta \eta = E \cdot \eta$$

（7）写出测量结果

$$\eta = \eta \pm \Delta \eta \quad (T = \quad ℃)$$
$$E = \quad \%$$

因为液体的黏度受温度的影响较大,因此在测量结果中必须明确注明温度条件。

【数据及处理】(示例)

测量蓖麻油黏度记录表见表1。

表1　测量蓖麻油黏度记录表　　　　　$d_0 = 0.002$ mm

测量次数 i	1	2	3	4	5	$\bar{x}$	σ	$\Delta_{仪}$	Δx
d/mm	1.020	1.010	1.022	1.018	1.010	1.016	0.006	0.005	0.008
t/s	97.36	98.52	96.25	97.03	97.15	97.26	0.82	0.01	0.82
L/cm	27.35					—	—	0.05	0.05
T/℃			$T_1 = 20.0$			$T_2 = 21.0$			

$$\rho_0 = 7.80 \times 10^3 \text{ kg} \cdot \text{m}^{-3}, \quad \rho = 0.960 \times 10^3 \text{ kg} \cdot \text{m}^{-3}, \quad g = 9.81 \text{ m} \cdot \text{s}^{-2}$$

计算黏度:

$$\eta = \frac{(\rho_0 - \rho)g\bar{d}^2\bar{t}}{18L} =$$

$$\frac{(7.80 - 0.960) \times 10^3 \times 9.81 \times (1.016 - 0.002)^2 \times 10^{-6} \times 97.26}{18 \times 27.35 \times 10^{-2}} =$$

$$1.363 (\text{Pa} \cdot \text{s})$$

计算不确定度:

$$E = \frac{\Delta \eta}{\eta} = 2\frac{\Delta_d}{d} + \frac{\Delta_t}{t} + \frac{\Delta_L}{L} = 2 \times \frac{0.008}{1.016} + \frac{0.82}{97.26} + \frac{0.05}{27.35} \approx 0.026$$

$$\Delta \eta = E \cdot \eta = 0.026 \times 1.363 \approx 0.035 (\text{Pa} \cdot \text{s})$$

测量结果:

$$\eta = (1.363 \pm 0.035)(\text{Pa} \cdot \text{s}) \quad (T = 20 \cdot 5 \text{ ℃})$$
$$E = 2.6\%$$

实验三　　用惠斯通电桥测电阻

【预习提示】

电桥法的最大特点是调节电桥平衡,用检流计检测桥路电流 $I_G = 0$。本实验的学习重点是:

(1) 了解惠斯通电桥原理、特点和操作方法。

(2) 了解检流计的作用和保护方法。

【实验目的】

(1) 用惠斯通电桥测滑线电阻器的电阻。

(2) 掌握调节电桥平衡的操作步骤。

【仪器用具】

电阻箱、滑线电阻、检流计、直流稳压电源、开关。

【实验原理】

电阻是电路中的基本元件,电阻值的测量是基本的电学测量之一。测电阻的方法很多,其中以电桥法应用得最为普遍。

1. 惠斯通电桥的线路原理

惠斯通电桥的电路如图 1 所示。四个电阻 R_1、R_2、R_0、R_x 连成一个四边形,其中 R_x 为待测电阻,其余三个为已知电阻。电源 E 加在 AB 两端,C 和 D 之间连接检流计 G,所谓"桥"就是指 CD 这条线路,它的作用是将"桥"的两个端点的电位进行比较。当 C、D 两点的电位相等时,检流计中无电流通过,即 $I_G = 0$,电桥达到了平衡。设此时流过 ACB 线路的电流为 I_1,流过 ADB 线路的电流为 I_2,则有

$$I_1 R_1 = I_2 R_2$$
$$I_1 R_x = I_2 R_0$$

以上两式相比,得

$$\frac{R_1}{R_x} = \frac{R_2}{R_0}$$

由此求得

$$R_x = \frac{R_1}{R_2} R_0 \tag{1}$$

根据式(1),即可由已知的标准电阻 R_1、R_2 和 R_0 求得未知电阻 R_x。

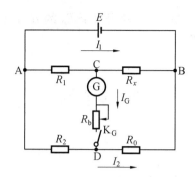

图 1　惠斯通电桥电路图 I_2

2. 电桥的优缺点

（1）用电桥测电阻容易达到较高的准确度,因为电桥的测量是用标准电阻来测定未知电阻,标准电阻的准确度较高。

（2）电桥电路中的检流计用来判断有无电流,只要求有高的灵敏度,并不需要提供精确读数,所以设备造价低廉。

电桥的缺点主要是操作较频繁,也不能测量非线性电阻。

【实验步骤】

（1）按图 1 连接线路。连接线路的原则是:先接串联电路,后接并联电路。首先,从电源正极开始,连接 R_1 ,再接 R_x ,回到电源负极,完成第一个串联电路。然后,连接第二个串联电路,仍从电源正极开始,连接 R_2 ,再接 R_0 ,回到电源负极。最后,连接桥路 CD,桥路中的保护电阻 R_b 是为了防止过大的电流流过检流计,因此应将 R_b 调至最大位置。随着电桥逐步接近平衡, R_b 也应逐渐减小直至为 0。

（2）按图 1 检查线路。检查线路的原则依然是"先串联后并联",即按照上述连接线路的顺序进行逐一检查,无误后方可开始实验。

（3）打开电源开关之前,应先调整好 R_1 和 R_2 的比例数值。根据本实验待测电阻 R_x 约为 200 Ω, R_1 和 R_2 选 300 ~ 600 Ω 为宜。确定 R_1 和 R_2 第一次取值为 $R_1 = R_2 = 300.0$ Ω。

（4）调节 R_0 ,使 $I_G = 0$ 。调节 R_0 时,先调节电阻箱的百位挡,其他各挡均应置于零位。选取百位挡上一个数值,使 I_G 为最小。然后依次调节 10 位,1 位,0.1 位,最后使 $I_G = 0$,记录 R_0 数值。

操作电桥最重要的是操作开关 K_G 。为了保护检流计, K_G 应经常处于开启状态(绝对禁止常合 K_G),在 R_1 、 R_2 和 R_0 设定数值之后,第一次启合 K_G 时,一定要把保护电阻 R_b 置于最大位置,眼睛要关注检流计,用跃接法启动 K_G 。即接通 K_G 时,看到检流计偏转某数值后,应立刻断开 K_G 。然后调节 R_0 ,使 I_G 逐渐减小,这时保护电阻 R_b 亦应随之减小,直至为零,电桥才真正达到平衡。

（5）改变 R_1 、 R_2 条件,第二次取值为 $R_1 = 300.0$ Ω, $R_2 = 400.0$ Ω;第三次取值为 $R_1 = 400.0$ Ω, $R_2 = 300.0$ Ω;第四次取值为 $R_1 = 400.0$ Ω, $R_2 = 500.0$ Ω;第五次取值为 $R_1 =$

$500.0\ \Omega, R_2 = 600.0\ \Omega$;重复步骤(4),获得 5 个 R_0 的数值,记录在数据表格中。

(6)按式(1)分别计算 5 个 R_x 数值。

(7)求 R_x 的平均值和不确定度,即

$$\overline{R}_x = \frac{1}{5}\sum_{i=1}^{5} R_{x_i} \tag{2}$$

测量 R_x 的标准误差为

$$\sigma = \sqrt{\frac{\sum\limits_{i=1}^{5}\left(R_{x_i} - \overline{R}_x\right)^2}{5-1}} \tag{3}$$

在不考虑仪器误差的情况下,R_x 的不确定度就等于它的标准误差,即

$$\Delta R_x = \sigma \tag{4}$$

(8)写出测量结果

$$R_x = \overline{R}_x \pm \Delta R_x$$

$$E = \frac{\Delta R_x}{\overline{R}_x} \times 100\%$$

【注意事项】

(1)保护电阻 R_b 在开始测试时一定要调至最大。随后,当检流计逐步减小时 R_b 应逐渐减小至零,方可读数。

(2)开关 K_G 必须常开,绝对不许常合。操作时采用跃接法。

【数据及处理】(示例)

用电桥法测量电阻记录表见表 1。

表 1　用电桥法测量电阻记录表

测量次数 i	1	2	3	4	5
R_1/Ω	300.0	300.0	400.0	400.0	500.0
R_2/Ω	300.0	400.0	300.0	500.0	600.0
R_0/Ω	310.5	413.5	232.8	387.5	372.3

计算电阻 R_x:

$$R_{x_1} = \frac{R_1}{R_2}R_0 = \frac{300.0\ \Omega}{300.0\ \Omega} \times 310.5\ \Omega = 310.5\ \Omega$$

$$R_{x_2} = \frac{R_1}{R_2}R_0 = \frac{300.0\ \Omega}{400.0\ \Omega} \times 413.5\ \Omega \approx 310.1\ \Omega$$

$$R_{x_3} = \frac{R_1}{R_2}R_0 = \frac{400.0\ \Omega}{300.0\ \Omega} \times 232.8\ \Omega \approx 310.4\ \Omega$$

$$R_{x_4} = \frac{R_1}{R_2}R_0 = \frac{400.0\ \Omega}{500.0\ \Omega} \times 387.5\ \Omega = 310.0\ \Omega$$

$$R_{x_5} = \frac{R_1}{R_2}R_0 = \frac{500.0\ \Omega}{600.0\ \Omega} \times 372.3\ \Omega \approx 310.3\ \Omega$$

计算电阻平均值：

$$\overline{R}_x = \frac{1}{5}\sum_{i=1}^{5}R_{x_i} = \frac{310.5\ \Omega + 310.1\ \Omega + 310.4\ \Omega + 310.0\ \Omega + 310.3\ \Omega}{5} \approx 310.3\ \Omega$$

计算标准误差：

$$\sigma = \sqrt{\frac{\sum\limits_{i=1}^{5}\left(R_{x_i} - \overline{R}_x\right)^2}{5-1}} = 0.2\ \Omega$$

测量不确定度：

$$\Delta R_x = \sigma = 0.2\ \Omega$$

$$E = \frac{0.2}{310.3} \times 100\% \approx 0.065\%$$

测量结果：

$$R_x = (310.3 \pm 0.2)\ \Omega$$

$$E = 0.065\%$$

实验四　　用电位差计测量电动势

【预习提示】

电位差计是根据补偿原理构成的仪器。补偿法的特点是不干扰被测对象的数值,所以测量准确。在精密测量技术中,电位差计曾经是最为广泛应用的仪器。近年来,随着集成电路和计算机技术的发展,其地位已被数字电压表所取代。但学习补偿原理的物理思想依然是很有意义的。本实验的学习重点是:

(1)学习用补偿法测电动势的原理。

(2)了解电位差计的结构和使用方法。

【实验目的】

(1)用电位差计测量电源的电动势。

(2)掌握调节电位差计平衡的操作方法。

【仪器用具】

电位差计、检流计、标准电池、直流稳压电源、滑线电阻器、双刀开关、待测电源。

【实验原理】

如果要测未知电动势 E_x,原则上可按图1连接电路,其中 E_0 是可调电压的电源。待测电源 E_x 通过一个检流计与 E_0 同极相连。调节 E_0,使流过检流计的电流 $I_G = 0$,则 $E_x = E_0$,这时称电路达到补偿,据此原理构成的测量电动势的仪器称为电位差计。构成电位差计需要一个 E_0,满足两个要求:

(1)E_0 要大于 E_x,大小便于调节,使 E_0 能够和 E_x 补偿。

(2)电压稳定,并能读出准确的电压值。

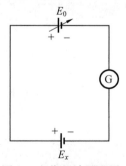

图1　电位差计原理图

图 2 是电位差计的线路原理图,主要线路分两部分:

(1) 由稳压电源 E_0 与长直电阻丝 AB 串联成闭合电路,称辅助电路。在电路中有工作电流 I_0 流动。

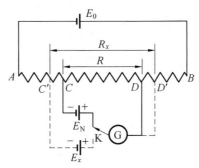

图 2　电位差计的线路原理图

(2) 由开关的固定接头,通过一个检流计 G 连接到电阻丝 AB 的 C、D 两点,这两点都可在 AB 上活动。开关向上与标准电池 E_N 连接,向下与待测电源 E_x 连接。注意 E_0、E_N 和 E_x 三个电源是同极性相连(绝不能接反)。当开关与标准电池 E_N 连接时,调节 C、D 两点位置,使检流计 $I_G = 0$,则

$$E_N = I_0 R_N \tag{1}$$

式中　　I_0—— 流过电阻丝的电流;

　　　　R_N—— 电阻丝 CD 两点之间的电阻值。

然后将开关转向与待测电源 E_x 连接,同样调节电阻丝到达 C' 和 D' 位置,使检流计 $I_G = 0$,这时 $C'D'$ 之间的电阻值为 R_x,流过电阻丝的电流 I_0 不变。则有

$$E_x = I_0 R_x \tag{2}$$

由式(1) 式(2) 得

$$E_x = \frac{R_x}{R_N} E_N \tag{3}$$

由于电阻丝的电阻值是与长度成正比的,设 CD 的长度为 L_N,$C'D'$ 的长度为 L_x,所以式(3) 可写成

$$E_x = \frac{L_x}{L_N} E_N \tag{4}$$

由此可见,通过电位差计,就可以把一个电学量的测量变成长度的测量,即测量 L_N 和 L_x,然后根据式(4) 算出电动势。

【实验步骤】

电位差计的电路图如图 3 所示,稳压电源 E(数值要大于待测电源 E_x)与虚线框内的电阻丝 AB 串联成闭合电路。AB 总长为 11 m,前 10 m 每隔 1 m 设一个测试孔点,编成 1 ~ 10 号,从 C 点引出一根导线,可在这 10 个孔点上进行调试。最后 1 m 放置在米尺上,滑动触头 D 可在米尺上连续移动,并与最后 1 m 的电阻丝接触。于是 CD 之间电阻丝的长度即从 10 个孔点读出米位整数,从米尺上读出米位以下的小数,估读位为 0.1 mm。从调节的

角度来说,C 点是粗调(从 10.0 m、9.0 m、8.0 m、7.0 m、⋯ 依次调至 1.0 m),D 点是细调(从 0.999 m、0.998 m、⋯ 依次调至 0.001 m)。

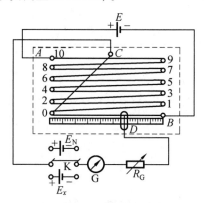

图 3   电位差计的电路图

以双刀开关为中心的并联电路与图 2 原理图相比,是在检流计的电路中必须加一个保护电阻 R_G。开始调试时一定要将保护电阻调至最大,随着检流计的电流逐渐减小,保护电阻也应逐渐减小至零。

操作步骤如下:

(1)按图 3 连接线路,按"先串联后并联"的原则,先连接 $EABE$ 回路,后连接 $CKGR_GD$ 回路,最后连接 E_N 和 E_x。检查无误后方可接通电源 E,本实验待测电源 E_x 约为 5 V,因此将 E 调至 6 V 为宜。

(2)将双刀开关推向标准电池 E_N,测量 L_N。因为 E_N 约为 1 V,所以将 C 点先插到 2 号孔进行实验,D 点先放置在米尺的中间位置,按下 D 点与电阻丝接触,观察检流计指针的偏转方向和大小,然后移动 D 点向左(示值减小)和向右(示值增大)各实验一次,如果检流计指针都偏向一边,说明 C 点选择位置不合适,可增至 3 号进行实验。每次实验时 D 点都先放置在中间位置,认真观察检流计偏转的大小,若 3 号孔偏转比 2 号孔更大,说明增大的方向错误,应减至 1 号孔进行实验,若 1 号孔偏转比 2 号孔减小,说明 1 号孔较合适。然后移动 D,逐点进行实验,使检流计的指针逐渐减小至零,同时保护电阻亦应相应减小至零。读出 C、D 两点之间的长度 L_N。

(3)将双刀开关推向待测电源 E_x,测量 L_x。方法如步骤(2)所述,先选定 C 点位置,最后逐点确定 D 点位置,使检流计指针偏转逐步减小至零。但应特别注意保护电阻在开始实验时一定要调至最大,随着检流计指针偏转逐渐减小,保护电阻也应逐渐减小至零,方可读 L_x 的值。

(4)重复步骤(2)和(3),测量 L_N 和 L_x 各三次。

(5)按式(4)计算 E_x。

(6)计算 E_x 的不确定度,公式为

$$E = \frac{\Delta E_x}{E_x} = \frac{\Delta L_N}{L_N} + \frac{\Delta L_x}{L_x} \tag{5}$$

$$\Delta E_x = E \cdot E_x$$

（7）写出测量结果

$$E_x = (E_x \pm \Delta E_x)（单位）$$
$$E = \quad \%$$

【注意事项】

（1）保护电阻在每更换一次 C 点时都应调至最大，然后当检流计逐渐减小时亦应逐渐减小至零，方可读数。

（2）移动触头 D 时，不能按下与电阻丝连续接触，以免磨损电阻丝，而是采用跃接方式选取平衡点。

【数据及处理】（示例）

表1　测量电源电动势

测量次数 i	1	2	3	$\bar{x}$	σ	$\Delta_仪$	Δ
L_N/m	1.782 0	1.785 0	1.787 0	1.784 7	0.002 6	0.000 5	0.002 7
L_x/m	5.348 0	5.342 0	5.341 0	5.343 7	0.003 8	0.000 5	0.003 9
E_N/V				1.012 61			

计算电动势：

$$E_x = \frac{L_x}{L_N}E_N = \frac{5.343\ 7\ \text{m}}{1.784\ 7\ \text{m}} \times 1.012\ 61\ \text{V} \approx 3.031\ 9\ \text{V}$$

计算不确定度：

$$E = \frac{\Delta E_x}{E_x} = \frac{\Delta L_N}{L_N} + \frac{\Delta L_x}{L_x} = \frac{0.002\ 7\ \text{m}}{1.784\ 7\ \text{m}} + \frac{0.003\ 9\ \text{m}}{5.343\ 7\ \text{m}} \approx 0.002\ 2$$
$$\Delta E_x = E \cdot E_x = 0.002\ 2 \times 3.031\ 9\ \text{V} \approx 0.006\ 7\ \text{V}$$

测量结果：

$$E_x = (3.031\ 9 \pm 0.006\ 7)\ \text{V}$$
$$E = 0.22\%$$

实验五　　伏安法测半导体二极管特性

【预习提示】

半导体二极管是电子电路的基本元件。在电路中元件的特性是由电压和电流之间的关系来表征的,称元件的伏安特性。用电表测量电路中的电压和电流,会产生电表接入误差,在实际测量中必须采取合适的连接方法,使误差减少到可以忽略的程度。本实验的学习重点是:

(1)了解半导体二极管的伏安特性。

(2)学习使用电表测量中如何减少误差的方法。

【实验目的】

(1)测量半导体二极管的伏安特性。

(2)掌握用伏安法测量中减少误差的方法。

【实验用具】

半导体二极管特性测试仪、导线。

【实验原理】

1. 半导体二极管的结构和特性

半导体的导电性能介于导体和绝缘体之间。但在纯净半导体材料中掺入微量杂质,则其导电能力就会成万倍地增加。若掺入杂质后的半导体有大量的自由电子,则这类半导体称 N 型半导体;若掺入杂质后的半导体有大量的空穴,则这类半导体称 P 型半导体。当这两类半导体经高温烧结形成 P − N 结时就是一个半导体二极管。图 1 表示一个二极管的结构和符号。二极管有正、负两个电极,正极由 P 型半导体引出,负极由 N 型半导体引出。

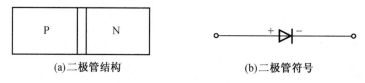

(a)二极管结构　　　　　　　　　　　　　(b)二极管符号

图 1　　二极管的结构和符号

把电压加在二极管上,当二极管的正极接高电位,负极接低电位时(称为正向电压),如图 2(a)所示,则电路中有较大的电流,随着正向电压 V 的增加,电流 I 也增加,但 I 的大小不与 V 成正比,如图 2(b)所示。当二极管加反向电压时,如图 2(c)所示,则电路中几乎没有电流,但当反向电压增大到一定值时,也会产生反向电流,如图2(d)所示。加在二极管上的电压 V 和流过二极管的电流 I 之间的关系称为二极管特性,将 V 和 I 的对应关系作图得出如图 2(b)、(d) 的曲线称为二极管特性曲线。由特性曲线可知,二极管具有单向导电性和非线性电阻这两种特性。

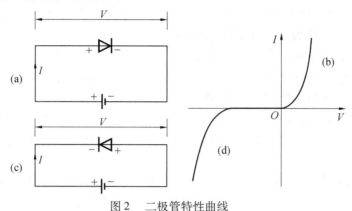

图2　二极管特性曲线

2. 电表的连接和接入误差

测量二极管特性的电路图如图3所示。在测量二极管的电流和其两端电压的电路中,电表有两种接法:一种是电流表外接,如图3(a)所示,另一种是电流表内接,如图3(b)所示。按图3(a)的接法,电流表所测得的电流不只是流过二极管的电流,而是流过二极管与电压表的电流之和,因而产生了电流的测量误差。但由于二极管的正向电阻远小于电压表的内阻,这种误差会很小。按图3(b)的接法,电压表所测得的电压不是二极管两端的电压,而是二极管的电压与电流表的电压之和,因而产生了电压的测量误差。但由于二极管的反向电阻远大于电流表的内阻,这种误差也会很小。这种由于电表的接入而引起的测量误差属于系统误差,可以将电表的内阻进行修正。但在实际测量中,可通过合适的连接方法使误差减少到可以忽略的程度。通常,在待测电阻的阻值较小时,采用图3(a)所示的接法,而在待测电阻的阻值较大时,采用图3(b)所示的接法。

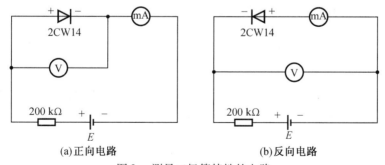

图3　测量二极管特性的电路

【实验步骤】

1. 测量二极管 2CW14 正向特性

(1)按图3(a)连接线路,按"先串联后并联"的原则,从电源的正极出发,连接保护电阻,依次连接 2CW14、毫安表,回到电源的负极;最后并联电压表。接好线路后一定要检查路线,确保无误后,方可接通电源。

（2）选择电压表和电流表的量程。调节电源的输出电压旋钮,使电压表的读数从 0 V 开始,逐渐增大电压数值,同时观察电流表的读数,若读数超过电流表的量程,即应相应调节电流表的量程挡,直至电压增大到小于 1 V,电流增大到小于 100 mA,于是将电压表的量程选择为 2 V,电流表的量程选择为 200 mA 较为合适。

（3）调节电源的输出电压旋钮,依次使电压表的读数值为 0.00 V、0.70 V、0.72 V、0.74 V、…,并将电流表的相应读数记入表中,直至电流表的读数值接近 100 mA 为止。

2. 测量二极管 2CW14 的反向特性

（1）按图 3（b）连接线路,按"先串联后并联"的原则,从电源的正极出发,连接保护电阻,依次连接 2CW14、毫安表回到电源的负极。最后并联电压表,检查线路正确无误后方可接通电源。

（2）选择电压表和电流表的量程。调节电源的电压输出旋钮,使电压表的读数从 0 V 开始,逐渐增大电压数值,同时观察电流表的读数,若读数超过电流表的量程,即应相应调节电流表的量程挡,直至电压表增大到小于 7 V,电流增大到小于 60 mA,于是将电压表的量程选择为 20 V,电流表的量程选择为 200 mA 较为合适。

（3）调节电源的输出电压旋钮,依次使电压表的读数值为 6.50 V、6.55 V、6.60 V、6.65 V、…,并将电流表的相应读数记入表中,直至电流表的读数值接近 60 mA 为止。

【注意事项】

（1）连接电路后,一定要检查线路是否正确无误,无误后方可接通电源。

（2）要正确选择电压表和电流表的量程。

（3）要按作图规则规范作图。

【数据及处理】

测量二极管正向特性、反向特性记录表见表 1、表 2。

表 1　2CW14 正向特性

V/V	0.00	0.70	0.72	0.74	0.76	0.78	0.80	0.81	0.82	0.83
I/mA										

表 2　2CW14 反向特性

$-V/V$	6.50	6.55	6.60	6.65	6.70	6.75	6.80	6.85	6.90	6.95	7.00
$-I/mA$											

将测得的 2CW14 正向特性和反向特性的数据在坐标纸上按作图规则作图。因为正、反向电压、电流值相差较大,作图时坐标可选取不同的比例。

实验六　　交流电路的谐振现象

【预习提示】

交流电路可看作电压(或电流)的大小(瞬时值)在电路中做周期性的振动。谐振是交流电路特有的现象,它在无线电技术中有广泛的应用。收音机和电视机的选台就是其中一例。本实验的学习重点是:

(1)了解交流电路谐振的原理。

(2)明确测量谐振曲线的测试条件。

【实验目的】

(1)测定交流电路的谐振曲线。

(2)测定交流电路的固有频率。

【仪器用具】

交流电路实验仪、导线。

【实验原理】

1. RLC 串联电路的谐振

电阻 R、电感 L、电容 C 是交流电路的三个基本元件,将 R、L、C 与交流电源 U 连接成串联电路,如图 1 所示,其交流电压 U 与交流电流 I(均为有效值)的关系为

$$I = \frac{U}{Z} = \frac{U}{\sqrt{R^2 + \left(\omega L - \frac{1}{\omega C}\right)^2}} \tag{1}$$

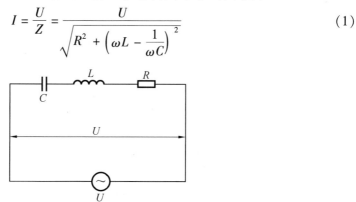

图 1　RLC 串联谐振电路

式中　　ω——交流电源的圆频率,ω 与频率 f 的关系为 $\omega = 2\pi f$,f 的单位为 Hz,ω 的单位为 s^{-1};

Z——交流电路的阻抗,Ω。

Z 在交流电路中的作用与直流电路中的电阻相当,但其数值是随交流电源的频率而变化的,即 Z 是 ω 的函数。这是交流电路的第一个特点。交流电路的第二个特点是电流的相位与电压的相位一般是不同相的,两者之差称相位差,用 φ 表示,φ 也是频率 ω 的函数。φ 与 ω 的关系为

$$\varphi = \arctan\left(\frac{\omega L - \dfrac{1}{\omega C}}{R}\right) \tag{2}$$

由于交流电路的这两个特点,可以推引出交流电路的一个重要现象——谐振现象。这就是,当电路中的电感 L、电容 C 和外加的电源频率 ω 满足以下关系时:

$$\omega L - \frac{1}{\omega C} = 0 \tag{3}$$

可以推得两个结论:

① 电流与电压的相位差为零,由式(2)推得即 $\varphi = 0$;

② 串联电路中的阻抗最小,由式(1)推得 Z 为极小值。此时电源的圆频率称为谐振圆频率 ω_0。由式(3)得

$$\omega_0 = \frac{1}{\sqrt{LC}} \tag{4}$$

ω_0 也称为交流电路的固有频率。这就是说,当外加电源的圆频率与电路的固有频率 ω_0 相同时,这个电路就处于谐振状态。这样的电路就称为谐振电路。

根据式(1),当电源电压 U 保持不变时,电路中的电流 I 是随 ω 变化的,但在 $\omega = \omega_0$ 时(即电路处于谐振状态),Z 有一极小值,电流 I 有一极大值,作 $I - f$ 图,就可以得到有一尖锐峰的谐振曲线,如图2所示。

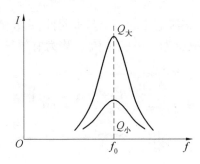

图2 RLC 串联电路谐振曲线

常用 Q 值标志谐振电路的性能,Q 称为电路的品质因数,定义为谐振时电感的电压 U_L 或电容的电压 U_C 与电路中总电压 U 之比,即

$$Q = \frac{U_L}{U} = \frac{\omega_0 L}{R}, \quad Q = \frac{U_C}{U} = \frac{1}{\omega_0 CR} \tag{5}$$

由式(5)可知,当电路谐振时电感或电容上的电压 U_L 或 U_C 是电路中总电压 U 的 Q 倍,因为 Q 往往大于1,所以 U_L 或 U_C 可以比总电压 U 大,故串联电路谐振常称为"电压谐振"。

由图 2 可见,Q 值大的谐振峰值比 Q 值小的要大得多。Q 值的大小取决于电路中的电阻 R,由式(5)可知,R 越小,Q 值越大。谐振现象在电子技术中有广泛应用。例如,收音机和电视机都要设置一个品质因数高的谐振电路,多个电台向空间发射不同频率的电磁波,调节收音机中谐振电路的可变电容,即改变电路的固有频率,就可接收到该频率的电台。这个过程叫选频。电路的 Q 值越大,频率的选择性越好。

2. RLC 并联谐振

将电感 L 与电容 C 并联,按图 3 连接电路,其阻抗 Z 和相位差 φ 分别为

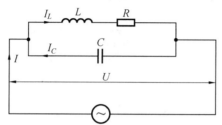

图 3 RLC 并联谐振电路

$$Z_{并} = \frac{R^2 + (\omega L)^2}{\sqrt{R^2 + [\omega C R^2 + \omega L(\omega^2 LC - 1)]^2}} \tag{6}$$

$$\varphi = \arctan\left(\frac{\omega C R^2 + \omega^3 L^2 C - \omega L}{R}\right) \tag{7}$$

谐振时 $\varphi = 0$,可由式(7)求出并联电路的谐振圆频率 ω_P 为

$$\omega_P = \sqrt{\frac{1}{LC} - \left(\frac{R}{L}\right)^2} = \sqrt{\omega_0^2 - \omega_0^2 \frac{R^2}{\omega_0^2 L^2}} = \omega_0 \sqrt{1 - \frac{1}{Q^2}}$$

式中 ω_0——R、L、C 串联时的固有频率,当 $Q \gg 1$ 时,$\omega_P \approx \omega_0$。

由式(6)可知,并联谐振时,$Z_{并}$ 近似为极大,若电路中 U 保持不变,则 I 为极小,这和串联谐振电路的情况正好相反。但是两分支电路中的电流 I_L 和 I_C 却比总电流 I 大得多,且近似为总电流 I 的 Q 倍,所以并联谐振也称为"电流谐振"。由于 I_L 和 I_C 方向相反,数值相等,因而使总电流 I 成为极小。又由于谐振时 $Z_{并}$ 极大,即电感 L 和电容 C 并联两端的电压 U 有一极大值,作 $U - f$ 图,就可得到有一尖锐峰的谐振曲线。并联电路和串联电路一样,电路的 Q 值越大,频率的选择性越好,如图 4 所示。

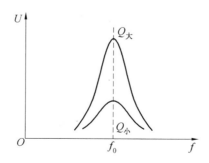

图 4 RLC 并联谐振曲线

【实验步骤】

1. 测定 *RLC* 串联电路的谐振曲线

（1）按图5连接线路，按"先串联后并联"的原则，从电源的一极出发，连接电容 *C*，依次连接电感 *L*，电阻 *R*，回到电源的另一极；最后并联电压表。接好线路后一定要检查线路，确保无误。

（2）选择电路参数：$C = 0.047$ μF，$L = 100$ mH，$R = 100$ Ω。

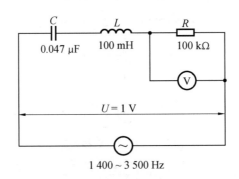

图5　测定 *RLC* 串联电路谐振曲线电路

（3）接通电源之前，将电压表并联到电源两端，调节电源的幅度输出旋钮，使电源输出为 $U = 1$ V。然后用电压表量出 *R* 上的电压值，即可通过 $I = \dfrac{U}{R}$ 计算出 *I* 值。

（4）调节电源的频率，从 1 400 Hz 开始，每隔 100 Hz 测一次 *R* 上的电压值，并记录在表1中。一直测到 3 500 Hz。注意，每次改变频率时都要重新调整电源的幅度旋钮，使输出电压保持 $U = 1$ V。

（5）按作图规则作 *RLC* 串联电路的 $I - f$ 谐振曲线。

（6）在图中找出串联电路的固有频率 ω_0。

2. 测定 *RLC* 并联电路的谐振曲线

（1）按图6连接线路，按"先串联后并联"的原则，从电源的一极出发，连接电容 *C*，从 *C* 到辅助电阻 *R′*，从 *R′* 回到电源的另一极；然后将电感 *L* 并联到电容 *C* 两端。最后将电压表先后并联到 *L* 和 *R′* 上。

（2）检查线路，确保无误后，接通电源。调节电源频率到 1 400 Hz，然后调节电源的幅度输出旋钮，使辅助电阻 *R′* 上的电压值 $U' = 0.4$ V，这是本实验的测试条件，在整个测量过程中都应当保持 $U' = 0.4$ V 不变。

（3）将电容 *C* 和电感 *L* 并联后两端的电压值 *U* 记录在表2中，频率从 1 400 Hz 开始，每隔 100 Hz 测一个点，直至 3 500 Hz。注意每次改变频率时都要重新调整电源的幅度输出旋钮，使 *U′* 维持 0.4 V。因为在频率变化时，$Z_并$ 会随之变化，电路中的总电流 *I* 亦随之变化。在测量 $U - f$ 关系时，必须保持总电流 *I* 不变。于是，在电路中加辅助电阻 *R′*，使 *R′* 上的电压保持 0.4 V 不变即可达到目的。

（4）按作图规则作 *RLC* 并联电路的 $U - f$ 谐振曲线。

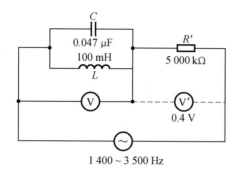

图 6　测定 *RLC* 并联电路谐振曲线电路

（5）在图中找出并联电路的固有频率 ω_0。

【注意事项】

（1）测定 *RLC* 串联电路谐振曲线时，必须保持电源输出电压 $U = 1$ V 不变。

（2）测定 *RLC* 并联电路谐振曲线时，必须保持 R' 上的电压 $U' = 0.4$ V 不变。

【数据及处理】

表1　*RLC* 串联电路 $I - f$ 关系$\left(R = 100\ \Omega, I = \dfrac{U}{R} \right)$

$f/(\times 10^3\text{Hz})$	1.4	1.5	1.6	...	3.4	3.5
U/V						
I/mA						

RLC 串联电路的固有圆频率 $\omega_0 =$

表2　*RLC* 并联电路 $U - f$ 关系

$f/(\times 10^3\text{Hz})$	1.4	1.5	1.6	...	3.4	3.5
U/V						

RLC 并联电路的固有圆频率 $\omega_0 =$

实验七　　示波器的使用

【预习提示】

示波器是现代化生产和科学技术中常用的电子仪器。示波器的核心部件是示波管，了解它的基本结构，有助于掌握示波器的使用方法。操作示波器最关键是掌握扫描和同步两个旋钮的使用。本实验的学习重点是：

（1）了解示波管的基本结构。

（2）了解扫描和同步的原理和使用。

【实验目的】

（1）掌握示波器的使用方法，特别是扫描和同步的使用。

（2）用示波器测量信号的电压和频率。

【仪器用具】

示波器、音频信号发生器。

【实验原理】

示波器是一种显示各种电压波形的仪器。它利用被测信号产生的电场对示波管中电子运动的影响来反映被测信号电压的瞬变过程。一切能转换为电压信号的电学量（如电流、电功率、阻抗等）和非电学量（如温度、位移、速度、压力、光强、磁场、频率等），其随时间的瞬变过程都可以用示波器进行观察和测量分析，本实验通过用示波器观察各种电信号的波形，测量交流信号的电压、周期、频率和相位等参数，了解示波器的基本结构及工作原理，较熟练地掌握示波器的调节和使用。

1. 示波器的结构及简单工作原理

如图 1 所示，示波器一般由示波管、扫描发生器、同步电路、水平轴和垂直轴放大器及电源 5 部分组成，下面分别进行简单说明。

（1）示波管。

示波管是示波器中的显示部件。在一个抽成真空的玻璃泡中，装有各种电极。阴极 K 在灯丝 F 加热情况下发射电子，这些电子受带正高压的加速阳极 A_1 的加速，并经由 A_1、A_2 组成的聚集系统，形成一束很细的高速电子流到达荧光屏。荧光屏上涂有荧光粉，它在这些高速电子的激发下发光。光点的大小取决于 A_1、A_2 组成的电子透镜的聚焦程度。改变 A_2 相对 A_1 的电位，可以改变电子透镜的焦距，使其正好聚焦在荧光屏上，成为一个很小的亮点。因此，调节 A_2 的电位，称为"聚焦"调节。示波管内装有两对互相垂直的平

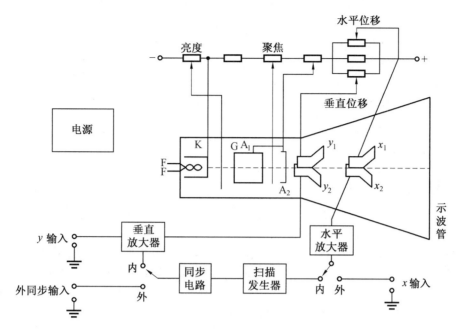

图1　示波器原理图

行板(x_1、x_2 和 y_1、y_2),如图2所示。在垂直方向的平行板
y_1、y_2 上加周期变化的电压,电子束通过时受到电场力的
作用而上下偏转,在荧光屏上就可以看到一根垂直的亮
线;同理,在水平方向的平行板 x_1、x_2 上加周期变化的电
压,也可以看到一根水平亮线。因而,在这两对平行板上
加变化的电压能对运动的电子束产生偏转作用,这两对平
行板称为偏转板,其符号如图2所示(此图也常作为示波
器的符号)。在控制栅极 G 上加相对于阴极为负的电压,
调节其高低就能控制通过栅极的电子流强度,使荧光屏上
光迹的亮度(也称辉度)发生变化。因此,调节栅极的电位称为"辉度"调节。

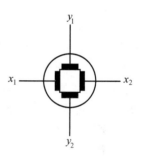

图2　示波器符号

(2)扫描与同步的作用。

若将正弦变化的外来信号只加在 y_1、y_2 偏转板上,荧光屏上将显示一条垂直亮线,而
看不到正弦变化。若同时在 x_1、x_2 偏转板上加一个与时间成正比增大的线性电压,电子束
在上下运动的同时,还必须做自左向右的匀速运动,这样,便在荧光屏上描出正弦曲线,如
图3所示。

当光点沿 x 轴正向匀速移动到右端后,x_1、x_2 偏转板上的电压立刻变为0,光点迅速回
跳到左边原来的起始点,再重复在 x 轴加上述线性电压,使光点继续正向匀速移动,则在
荧光屏上的光迹必与第一次重合,当重复频率足够高时,由于荧光屏的余辉与人眼的视觉
暂留作用,就能在荧光屏上看到稳定的波形。此过程称为"扫描",获得扫描的方法是在
x_1、x_2 偏转板加上周期性变化的电压 —— 锯齿波电压,其波形如图4所示,产生锯齿波电
压的电路称为锯齿波发生器,也常称扫描发生器。它能根据需要产生不同频率的锯齿波

电压。

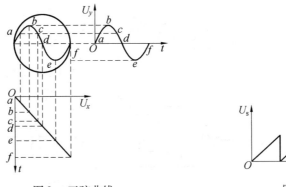

图3　正弦曲线　　　　　　　　　　　　　图4　锯齿波

如果锯齿波电压周期是加在 y_1、y_2 偏转板上正弦波电压周期的两倍,则在荧光屏上显现两个正弦波;如果是3倍,则显现3个正弦波,依此类推,要使荧光屏上显示出完整而稳定的波形,其条件是:① 扫描电压的周期必须是加在 y_1、y_2 偏转板上外来信号电压周期的整数倍;② 扫描电压的初相位必须与外来信号电压的初相位相同,稍有差异,波形就不稳定,为此,在示波器上专门设置一种电路,控制扫描电压的频率 f_x,使 f_x 随着被观测信号的频率 f_y 而变化,即用 yy 轴信号频率控制扫描发生器的频率,使之始终满足整数倍的关系,并且保持相同的初相位,此作用称为"同步",使用示波器的关键,就是调节扫描电压的频率,使之与信号频率之间成整数倍关系,并加上"同步"作用,迫使这种关系保持稳定。

（3）水平与垂直轴放大器。

加在水平与垂直偏转板上的信号电压必须足够大,才能使电子束偏转一定角度。因此,必须将输入的弱信号经放大器放大,并用水平及垂直增幅旋钮来调节放大量。如输入信号过强,则需用分压电路进行衰减。

（4）电源。

电源用以供给示波管及各部分电路所需的各种交直流电压。

2. 信号电压、频率、相位的测量,李萨如图形的观察

把待测信号电压输入示波器 y 轴放大器的输入端,调节示波器面板上各开关旋钮到适当的位置,示波屏上显示一稳定波形,根据示波屏上的坐标刻度,读出显示波形的电压值或周期值。

（1）测量电压。

把待测信号输入示波器的 y 轴输入端,y 轴输入选择按钮置于"AC"位置(测量直流电压时 y 轴输入选择按钮置于"DC"位置),y 轴衰减倍率开关"V/格"置于适当位置,调节有关控制开关及旋钮使显示波形稳定,读出波形的峰值高度 H,如图5所示。

电压的峰峰值为

$$U_{pp} = \quad V/格 \times H 格$$

【例1】　设数轴衰减倍率开关置于 0.5 V/格 的位置,根据图5所示波形的峰峰值高度 $H = 2$ 格。则待测信号的峰峰值电压为

$$U_{pp} = 0.5 \text{ V/格} \times 2 \text{ 格} = 1 \text{ V}$$

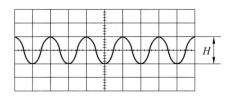

图 5　测量电压

在测量被测信号的电压时,应通过调节衰减倍率开关 V/ 格使其幅度尽量放大,但是不能超出显示屏。

(2)测量频率。

把待测信号输入示波器的 y 轴输入端,将扫描速度开关"T/ 格"置于适当的位置,调节有关控制开关及旋钮使显示波形稳定,读出被测波形上的一个周期,即相邻峰值的 P、Q 两点间的距离 L,如图 6 所示。

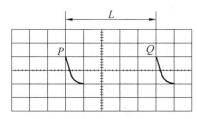

图 6　测量频率

信号周期为

$$T = \text{T/ 格} \times L \text{ 格}$$

则信号的频率为

$$f = 1/T$$

【例 2】　设扫描速度开关置于 0. 2 ms/ 格的位置,根据图 6 所示波形上一个周期的宽度 $L = 5$ 格,则待测信号的周期为

$$T = 0.2 \text{ ms/ 格} \times 5 \text{ 格} = 1 \text{ ms}$$

所以信号的频率为

$$f = 1/(1 \times 10^{-3} \text{ s}) = 1\ 000 \text{ Hz}$$

在测量被测信号的周期和频率时,应通过调节扫描速度开关(T/ 格)使被测信号相连两个波峰的水平距离尽量拉大,但是不能超出显示屏。

(3)利用李萨如图形测定信号频率。

李萨如图是由两个振动方向互相垂直的正弦振动叠加后合成的振动图像。示波器可以显示这种图像,具体操作是,在 x 轴输入端输入一个正弦信号,频率为 f_x,在 y 轴输入端输入另一正弦信号,频率为 f_y,当两者的频率成简单整数倍关系时,示波屏上就显示一稳定的李萨如图形。

图 7 画出了两个相互垂直的正弦波合成的四个李萨如图形。这四个图形对应四个不同的频率比,依次为 $f_y/f_x = 1/1$,$f_y/f_x = 2/1$,$f_y/f_x = 3/1$,$f_y/f_x = 3/2$。若以 n_x 和 n_y 分别表

示李萨如图形与外切水平线及外切垂直线的切点数,则其切点数与正弦波频率之间有如下关系:

$$f_y/f_x = n_x/n_y \tag{1}$$

如已知 f_x(或 f_y),从示波屏上读得 n_x 和 n_y,就可以由式(1)计算出 f_y(或 f_x)。

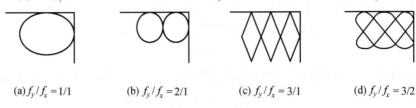

(a)$f_y/f_x = 1/1$ (b)$f_y/f_x = 2/1$ (c)$f_y/f_x = 3/1$ (d)$f_y/f_x = 3/2$

图7 李萨如图形

(4)利用李萨如图形测定两同频率信号的相位差。

设一信号为 $x = A\sin\omega t$,另一信号为 $y = B\sin(\omega t + \varphi)$,分别输入 x 轴和 y 轴的输入端,在示波屏上显示如图8所示的椭圆,可以通过椭圆的性质确定其相位差。

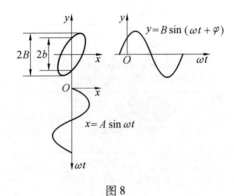

图8

当 $x = 0$,即 $x = A\sin\omega t = 0$ 时

$$\omega t = n\pi, \quad n = 0,1,2,\cdots$$
$$y = B\sin(\omega t + \varphi) = B\sin\varphi = \pm b$$

则

$$\varphi = \arcsin\frac{b}{B} \tag{2}$$

从图8中可测得 $2B$(它是椭圆在 y 方向上的最大投影)和 $2b$(它是椭圆在 y 轴上的截距),利用式(2)即可得出两个相同频率正弦电压的相位差 φ。

【实验步骤】

1. 必做部分

在使用示波器之前,示波器面板上相应开关旋钮应置于表1给出位置。

表1   使用示波器前,各开关旋钮位置

功能	序号	设置
电源(POWER)	6	关
亮度(INTEN)	2	居中
聚焦(FOCUS)	3	居中
垂直方式(VERT MODE)	14	通道1 CH1
垂直位置(▲ ▼ POSITION)	11 19	居中
垂直衰减(VOLTS /DIV)	7 22	0.5 V/格
调节(VARIABLE)	9 21	校正位置(调至最大)
AC - GND - DC	10 18	AC
触发源(SOURCE)	23	通道1 CH1
触发电平(LEVEL)	28	居中
触发方式(TRIGGER MODE)	25	自动
扫描时间(TIME/DIV)	29	0.2 ms/格
微调(SWP. VER)	30	校正位置(调至最大)
水平位置(◀▶POSITION)	32	居中
扫描扩展(× 10 MAG)	31	释放

(1)观察和测量双踪示波器校正信号波形 $2V_{pp}$、1 kHz 方波。

用电缆线把示波器上的校正信号输出端 CAL① 与 CH1 输入插座14连接起来,即能在示波屏上显示稳定的方波波形。调节 x、y 位置旋钮,使波形位于适当位置,便于读数,描下整周期波形,记录垂直衰减开关位置"V/格"数据和水平扫描速度开关位置"T/格"数据,测量示波器屏上波形高度 H 和宽度 L,计算校正信号的峰峰值电压和频率,分别记入表2。

表2   校正信号的电压和频率

波形	y 轴示值		x 轴示值	
	"V/格"开关位置		"T/格"开关位置	
	波形高度 H/格		波形宽度 L/格	
	峰峰值 V_{pp}/V		周期/s	
			频率/Hz	

测好后,将连接电缆线从校正信号输出端取下。

(2)交流电压 U_{AC} 的测量。

函数信号发生器是一种多用途的交流电压源,它可以输出频率从 1 Hz 到 1 MHz 的方波、三角波、锯齿波及正弦波等电信号,本实验用示波器测量正弦波的电压。

在信号发生器电源"关"的情况下,用电缆线将信号源输出端与示波器CH1(或CH2)插座连接起来,打开信号发生器电源开关,信号频率显示为1 000 Hz,将信号发生器的"电压输出旋钮"顺时针方向从低到高分别选取低电压、中电压、高电压三个挡的电压进行测量(具体数值可自己选定),相应调节示波器垂直衰减开关"V/格",使波形显示稳定,测量输出电压峰峰值高度H,计算电压值,数据记入表3。

表3　正弦波电压测量

信号发生器电压输出旋钮		低电压	中电压	高电压
示波器y轴示值	"V/格"开关位置			
	高度H/格			
	峰－峰值U_{AC}/V			

(3)频率的测量。

在上述测量交流电压U_{AC}的基础上,将信号发生器的频率依次改变为1 kHz、10 kHz、100 kHz,相应调节示波器扫描速度开关"T/格"及"LEVEL"触发电平旋钮,使在示波屏上显示稳定波形,读出波形上相邻两波峰或波谷之间的水平距离L,即可算出信号周期T及频率f,数据记入表4。

表4　正弦波频率测量

信号频率/kHz		1	10	100
x轴示值	"T/格"开关位置			
	长度L/格			
	周期T/s			
	频率f/Hz			

2. 选做部分

(1)观察和测量人体上感生的电信号。

人体所处的空间中各种交变的电磁波在人身体上会产生感生电动势。手握示波器的输入电缆线时,通过调节衰减倍率开关"V/格"和扫描速度开关"T/格"的位置到适当量程,在示波器屏幕上就可以观察到这种电信号的波形,测量它包含的最低频率及其电压的峰峰值。

(2)李萨如图形观察。

要观察李萨如图形,首先要把"T/格"开关逆时针方向旋到底端"x－y"状态,然后将一信号发生器输出的50 Hz信号连接到CH1输入插座作为x轴输入信号,将另一信号发生器输出的信号连接到CH2输入插座作为y轴输入信号,且输出电压调到合适的大小,分别改变信号发生器的输出频率为50 Hz、100 Hz、150 Hz,可以在示波屏上观察到以上两个信号合成后的李萨如图形,记录各种合成的李萨如图形的波形于表5。

表5　李萨如图形

x 轴频率 /Hz	50		
y 轴频率 /Hz	50	100	150
李萨如图形			

【附录】　MOS – 620CH 型双踪示波器简介

MOS – 620CH 型双踪示波器是一种便携式通用示波器,它具有两个独立的 y 通道,可同时测量两个信号,所以称为"双踪示波器"。

示波器面板示意图如图9所示。面板上的旋钮开关很多,根据它们的作用功能划分为五个区域,分述如下:

(1)控制电子束部分(在显示屏下方按图9中的标号)。

⑥——电源开关:主电源开关,当此开关开启时发光二极管 ⑤ 发亮。

②——亮度调节旋钮:调节轨迹或亮点的亮度。

③——聚焦调节旋钮:调节轨迹或亮点的聚焦。

④——轨迹旋转:半固定的电位器用来调整水平轨迹与刻度线的平行。

㉝——滤色片:使波形看起来更加清晰。

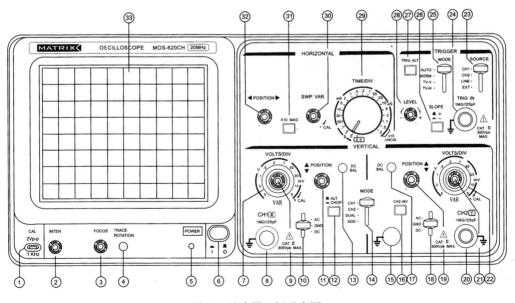

图9　示波器面板示意图

(2)垂直轴输入信号部分(在图9右下方,以中心线为轴左右对称,可同时输入两个信号)。

⑧——CH1(X) 输入:在 $x - y$ 模式下,作为 x 轴输入端。

⑳——CH2(Y) 输入:在 $x - y$ 模式下,作为 y 轴输入端。

⑩、⑱—— AC – GND – DC:选择垂直轴输入信号的输入方式。

        AC:交流耦合;

        GND:垂直放大器的输入接地,输入端断开;

        CD:直流耦合。

⑦ ㉒—— 垂直衰减开关:调节垂直偏转灵敏度从 5 mV/ 格到5V/ 格,共分 10 挡。

⑨ ㉑—— 垂直微调:微调灵敏度大于或等于1/2.5 标示值,在校正位置时,灵敏度校正为标示值。

⑬ ⑰——CH1 和 CH2 的 DC BAL:用于衰减器的平衡调试。

⑪ ⑲——▲ ▼垂直位移:调节光迹在屏幕上的垂直位置。

⑭ —— 垂直方式:选择 CH1 与 CH2 放大器的工作模式。

      CH1 或 CH2:通道 1 或通道 2 单独显示;

      DUAL:两个通道同时显示;

      ADD:显示两个通道的代数和CH1 + CH2。按下 CH2 INV ⑯ 按钮,为代数差CH1 – CH2。

⑫——ALT /CHOP:在双踪显示时,放开此键,表示 CH1 与 CH2 交替显示(通常用在扫描速度较快的情况下);当此键按下时,CH1 与 CH2 同时断续显示(通常用于扫描速度较慢的情况下)。

⑯——CH2 INV:CH2 的信号反向,当此键按下时,CH2 的信号以及 CH2 的触发信号同时反向。

(3) 时基部分(在图 9 中上方,控制扫描速度)。

㉙—— 水平扫描速度开关:扫描速度可以分成20挡,从0.2 μs/ 格到0.5 s/ 格。当设置到 $x - y$ 位置时可用作 $x - y$ 示波器。

㉚—— 水平微调:微调水平扫描时间,使扫描时间被校正到与面板上 TIME/DIV 指示的一致。T/ 格上扫描速度可连续变化,当逆时针旋转到底为校正位置。整个延时可达 25 倍。

㉜—— 水平位移:调节光迹在屏幕上的水平位置。

㉛—— 扫描扩展开关:按下时扫描速度扩展 10 倍。

(4) 触发部分(在图 9 右上角,控制同步作用,使图形稳定)。

㉔—— 外触发输入端子:用于外部触发信号。当使用该功能时,开关 ㉓ 应设置在 EXT 的位置上。

㉓—— 触发源选择:选择内(INT) 或外(EXT) 触发。

CH1:当垂直方式选择开关⑭ 设定在 DUAL 或 ADD 状态时,选择 CH1 作为内部触发信号源。

CH2:当垂直方式选择开关⑭ 设定在 DUAL 或 ADD 状态时,选择 CH2 作为内部触发信号源。

LINE:选择交流电源作为触发信号。

EXT:外部触发信号接于 ㉔ 作为触发信号源。

㉗——TRIG. ALT:当垂直方式选择开关 ⑭ 设定在 DUAL 或 ADD 状态,而且触发源开关 ㉓ 选在 CH1 或 CH2 上,按下 ㉗ 时,它会交替选择 CH1 和 CH2 作为内触发信号源。

㉖——极性:触发信号的极性选择。"＋"上升沿触发,"－"下降沿触发。

㉘——触发电平:显示一个同步稳定的波形,并设定一个波形的起始点。向"＋"旋转触发电平向上移,向"－"旋转触发电平向下移。

㉕——触发方式:选择触发方式。

AUTO:自动　　当没有触发信号输入时扫描处在自由模式下。

NORM:常态　　当没有触发信号时,踪迹处在待命状态并不显示。

TV—V:电视场　　当想要观察一场的电视信号时。

TV—H:电视行　　当想要观察一行的电视信号时。

(仅当同步信号为负脉冲时,方可同步电视场和电视行信号)

(5) 校正信号输出(在图 9 下方)。

①——CAL:提供幅度为 $2V_{pp}$ 频率为 1 kHz 的方波信号,用于校正 10∶1 探头的补偿电容器和检测示波器垂直与水平的偏转因数。

⑮——GND:示波器机箱的接地端子。

实验八　霍尔效应

【预习提示】

霍尔效应是载有电流的导体或半导体在磁场中受磁力作用产生的磁电变换效应。根据此效应制成的霍尔传感器件具有结构简单、形小体轻、无触点、寿命长等特点,因而广泛应用于自动化技术和磁场测量中。本实验的学习重点是:

(1)了解霍尔效应产生的机理。

(2)了解对称法测量消除误差的方法。

【实验目的】

(1)测量试样的 $V_H - I_S$ 和 $V_H - I_M$ 曲线。

(2)根据霍尔效应的原理确定试样的导电类型。

【实验原理】

1. 霍尔效应的基本原理

在一个长为 L、宽为 b、厚为 d 的长方形导体或半导体的样品中,如图 1 所示,沿着样品的长度方向外加一个毫安级的直流电流 I_S,方向由左向右并将样品置于磁场 B 中,B 的方向垂直于 I_S,即垂直纸面指向外,在这两个条件作用下,会产生一个横向电场 E_H,E_H 的方向既垂直于 I_S 也垂直于 B 的方向。这个现象是霍普斯金大学研究生霍尔于 1879 年在实验中发现的,后称为霍尔效应。如今,霍尔效应已广泛应用于自动检测和自动控制的技术中。

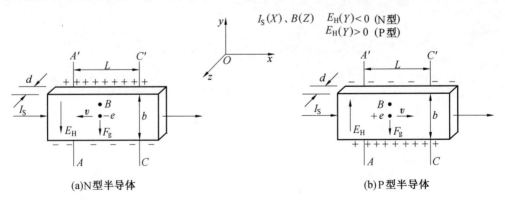

图 1　样品示意图

霍尔效应从本质上讲是运动的带电粒子在磁场中受洛伦兹力作用引起的偏转。对于图 1(a) 所示的 N 型半导体试样,样品内存在大量带负电的电子,若在 x 方向通以电流 I_S,

在 z 方向加磁场 B，样品中以速度 v 向左定向运动的电子将受洛伦兹力 $F_g = evb$ 的作用，偏转向 y 轴的负方向聚积，e 为电子的荷电量。于是在样品的下方聚积负电荷，在样品的上方聚积正电荷，从而形成附加的横向电场 E_H，即霍尔电场。由霍尔电场产生的电压叫霍尔电压 V_H，因为电场的方向是逆 y 方向，所以 N 型半导体的霍尔电压 V_H 是负的。对于图 1(b) 所示的 P 型半导体，是由带正电的空穴导电，在洛伦兹力的作用下也偏转向下方聚积，于是在上方聚积负电荷，从而形成沿 y 正方向的霍尔电压，由此产生的霍尔电压 V_H 是正的。通过测量霍尔电压的正负可以判定样品的导电类型。

根据理论分析和实验证实，霍尔电压为

$$V_H = R_H \frac{I_s B}{d} \tag{1}$$

式中　　d—— 样品的厚度；

　　　　R_H—— 霍尔系数，它与材料的性质密切相关。

对于金属材料，R_H 值很微小；对于半导体材料，R_H 值很大，所以目前的霍尔器件全都用半导体材料。对于 N 型半导体，R_H 为负值；对于 P 型半导体，R_H 为正值。

2. 霍尔电压 V_H 的测量

在图 1 中产生霍尔电压的同时，因伴随着多种副效应，以致实验测得的 A 和 A' 两电极之间的电压并不等于真实的 V_H 值，而是包含着各种副效应引起的附加电压，因此，必须设法消除。根据副效应产生的机理(参阅附录)可知，用电流和磁场换向的对称测量法，基本上能够把各种副效应的影响从测量结果中消除。具体做法是：在设定的电流 I_s 和磁场 B 的正负方向后，保持 I_s 和 B(即磁化电流 I_M)大小不变，依次测量下列四组不同方向的 I_s 和 B 组合的 A 和 A' 之间的电压 V_1、V_2、V_3、V_4，即

$$(+I_s, +B)\ V_1$$
$$(+I_s, -B)\ V_2$$
$$(-I_s, -B)\ V_3$$
$$(-I_s, +B)\ V_4$$

然后求上述四组数据 V_1、V_2、V_3、V_4 的代数平均值，注意上述四个电压是有正负的，所以平均值 V_H 由下式求得：

$$V_H = \frac{V_1 - V_2 + V_3 - V_4}{4}$$

通过对称测量法求得的 V_H，虽然还存在个别无法消除的副效应，但其引入的误差很小，可以略而不计。由上式求得的 V_H 是有正负号的。可以确定半导体试样的导电类型，即 $V_H > 0$ 对应 P 型半导体；$V_H < 0$ 对应 N 型半导体。

3. 测定霍尔系数 R_H

根据式(1)，只要测出霍尔电压 V_H(V) 以及知道 I_s(A)、B(T 或 Gs) 和 d(cm)，可按下式计算 R_H(cm³/C)：

$$R_H = \frac{V_H d}{I_s B} \times 10^8 \quad (\text{cm}^3/\text{C}) \tag{2}$$

式(2)中的 10^8 是由于磁感应强度 B 用电磁单位制(Gs)，而其他各量均采用 C·G·S 实

用单位制而引入的。霍尔系数 R_H 表示材料的霍尔效应的大小。

【实验步骤】

（1）了解霍尔效应实验仪和测试仪的结构，并连接线路。

图 2 为霍尔效应实验仪示意图，图中有三个双刀开关，内部交叉连接两根导线，如图中虚线所示，即可做换向开关之用。样品各电极及磁化电流线圈与对应的双刀开关各触点之间的连线已由厂家连接好，并已设定霍尔电流 I_S 及磁化电流 I_M 的换向开关投向前上方为正值（即 I_S 沿 x 方向，B 沿 z 方向），投向后下方为负值。中间的双刀开关投向前上方，测量霍尔电压 V_H。了解上述结构后，就可以连接三组导线：

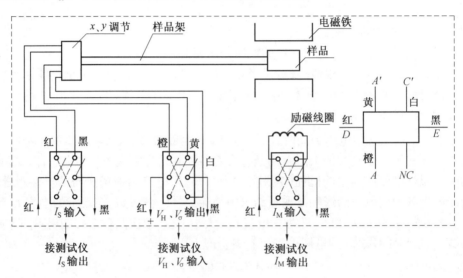

图 2　霍尔效应实验仪示意图

① 用两根导线从测试仪的 I_S 输出端连接到实验仪的 I_S 输入端，红色接线柱为正极，黑色接线柱为负极。

② 用两根导线从测试仪的 I_M 输出端连接实验仪的 I_M 输入端，红色接线柱为正极，黑色接线柱为负极。特别提示：磁化电流 I_M 的数量级为安培，霍尔电流 I_S 的数量级为毫安，两者数值相差很大，连接线路时绝对不能出错，否则会烧毁霍尔器件。

③ 用两根导线从实验仪的 V_H 输出端连接测试仪的 V_H 输入端，红色接线柱为正极，黑色接线柱为负极。需要测量的三个量 I_S、I_M、V_H 均可从测试仪面板上的电表中读出。

（2）测量 $V_H - I_S$ 关系。

① 将实验仪的"V_H、V_σ"切换开关投向 V_H 侧端，测试仪的"功能切换"置 V_H。

② 保持磁化电流 $I_M = 0.600\ \text{A}$，调节霍尔电流 I_S 从 $1.00\ \text{mA}$ 至 $4.00\ \text{mA}$，每隔 $0.5\ \text{mA}$ 读出 V_H 数值，记录在表 1 中。

（3）测量 $V_H - I_M$ 关系。

保持霍尔电流 $I_S = 3.00\ \text{mA}$，调节磁化电流 I_M 从 $0.100\ \text{A}$ 至 $0.700\ \text{A}$，每隔 $0.1\ \text{A}$ 读出 V_H 数值，记录在表 2 中。

（4）测定 R_H 值（选做）。

【注意事项】

（1）连接线路后一定要检查线路,确保无误方可接通电源。

（2）特别注意 I_S 和 I_M 两者数值相差千倍,绝对不能误接。

【数据及处理】

表1　测量 $V_H - I_S$ 关系（$I_M = 0.600$ A）

I_S/mA	V_1/mV	V_2/mV	V_3/mV	V_4/mV	$V_H = \dfrac{V_1 - V_2 + V_3 - V_4}{4}$ /mV
	$+I_S$、$+B$	$+I_S$、$-B$	$-I_S$、$-B$	$-I_S$、$+B$	
1.00					
1.50					
2.00					
2.50					
3.00					
3.50					
4.00					

表2　测量 $V_H - I_M$ 关系（$I_S = 3.00$ mA）

I_M/A	V_1/mV	V_2/mV	V_3/mV	V_4/mV	$V_H = \dfrac{V_1 - V_2 + V_3 - V_4}{4}$ /mV
	$+I_S$、$+B$	$+I_S$、$-B$	$-I_S$、$-B$	$-I_S$、$+B$	
0.100					
0.200					
0.300					
0.400					
0.500					
0.600					
0.700					

作图(用直角坐标纸)：

（1）按作图规则,根据上述测量数据作 $V_H - I_S$ 曲线和 $V_H - I_M$ 曲线。

（2）根据霍尔电压 V_H 的正负号确定本实验试样的导电类型。

（3）用上述测量数据计算 R_H 值。（选做）

【附录】　霍尔器件中的副效应及其消除方法

1. 不等势电压 V_0

如图3所示,由于器件的 A、A' 两电极的位置不在一个理想的等势面上,因此,即使不加磁场,只要有电流 I_S 通过,就有电压 $V_0 = I_S R$ 产生,R 为 A、A' 所在的两个等势面之间的电阻,结果在测量 V_H 时,就叠加了 V_0,使得 V_H 值偏大(当 V_0 与 V_H 同号)或偏小(当 V_0 与 V_H 异号),显然,V_H 的符号取决于 I_S 和 B 两者的方向,而 V_0 只与 I_S 的方向有关,因此可通过改变 I_S 的方向予以消除。

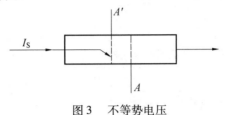

图 3　不等势电压

2. 温差电效应引起的附加电压 V_E

如图 4 所示,由于构成电流的载流子速度不同,若速度为 v 的载流子所受的洛伦兹力与霍尔电场的作用力刚好抵消,则速度大于或小于 v 的载流子在电场和磁场作用下,将各自朝对立面偏转,从而在 y 方向引起温差 $T_A - T_A'$,由此产生的温差电效应,在 A、A' 电极上引入附加电压 V_E,且 $V_E \propto I_S B$,其符号与 I_S 和 B 方向的关系同 V_H 是相同的,因此不能用改变 I_S 和 B 方向的方法予以消除,但其引入的误差很小,可以忽略。

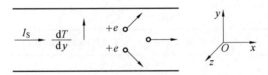

图 4　温差电效应引起的附加电压

3. 热磁效应直接引起的附加电压 V_N

如图 5 所示,因器件两端电流引线的接触电阻不等,通电后在接点两处将产生不同的焦耳热,导致在 x 方向有温度梯度,引起载流子沿梯度方向扩散而产生热扩散电流,热流 Q 在 z 方向磁场作用下,类似于霍尔效应在 y 方向上产生一附加电场 E_N,相应的电压 $V_N \propto QB$,而 V_N 的符号只与 B 的方向有关,与 I_S 的方向无关,因此可通过改变 B 的方向予以消除。

图 5　热磁效应引起的附加电压

4. 热磁效应产生的温差引起的附加电压 V_{RL}

如上面所述,x 方向热扩散电流因载流子的速度统计分布,在 z 方向的磁场 B 作用下,和上面所述的同一道理将在 y 方向产生温度梯度 $T_A - T_A'$,由此引入的附加电压 $V_{RL} \propto QB$。如图 6 所示,V_{RL} 的符号只与 B 的方向有关,亦能通过改变 B 的方向予以消除。

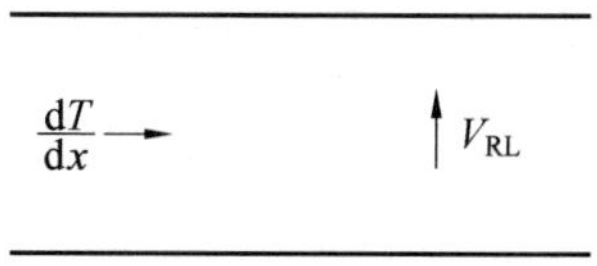

$$\frac{\mathrm{d}T}{\mathrm{d}x} \longrightarrow \qquad\qquad \uparrow V_{\mathrm{RL}}$$

图6　热磁效应产生的温差引起的附加电压

综上所述,实验中测得的 A、A' 之间电压除 V_{H} 外还包含 V_0、V_{E}、V_{N}、V_{RL},其中 V_0、V_{N}、V_{RL} 均可通过 I_{S} 和 B 换向对称测量法予以消除。

设 I_{S} 和 B 的方向均为正向时,测得 A、A' 之间电压为 V_1,即当 $+I_{\mathrm{S}}$、$+B$ 时

$$V_1 = V_{\mathrm{H}} + V_0 + V_{\mathrm{N}} + V_{\mathrm{RL}} + V_{\mathrm{E}}$$

将 B 换向,而 I_{S} 的方向不变,测得的电压记为 V_2,此时 V_{H}、V_{N}、V_{RL}、V_{E} 均改负号而 V_0 符号不变,即当 $+I_{\mathrm{S}}$、$-B$ 时

$$V_2 = -V_{\mathrm{H}} + V_0 - V_{\mathrm{N}} - V_{\mathrm{RL}} - V_{\mathrm{E}}$$

同理,按照上述分析,当 $-I_{\mathrm{S}}$、$-B$ 时

$$V_3 = V_{\mathrm{H}} - V_0 - V_{\mathrm{N}} - V_{\mathrm{RL}} + V_{\mathrm{E}}$$

当 $-I_{\mathrm{S}}$、$+B$ 时

$$V_4 = -V_{\mathrm{H}} - V_0 + V_{\mathrm{N}} + V_{\mathrm{RL}} - V_{\mathrm{E}}$$

求以上四组数据 V_1、V_2、V_3、V_4 的代数平均值,可得

$$V_{\mathrm{H}} + V_{\mathrm{E}} = \frac{V_1 - V_2 + V_3 - V_4}{4}$$

由于 V_{E} 符号与 I_{S} 和 B 两者方向关系和 V_{H} 是相同的,故无法消除,但在非大电流、非强磁场下,$V_{\mathrm{H}} \gg V_{\mathrm{E}}$,因此 V_{E} 可略而不计,所以霍尔电压为

$$V_{\mathrm{H}} = \frac{V_1 - V_2 + V_3 - V_4}{4}$$

实验九　　测定棱镜玻璃的折射率

【预习提示】

折射率是光学材料的重要特性参数。测量折射率的方法很多,本实验用分光仪测量棱镜的最小偏向角,通过最小偏向角与棱镜玻璃折射率的固定关系而求得。本实验的学习重点是:

(1)了解最小偏向角的意义及其测量方法。

(2)了解分光仪的结构和调整方法,并掌握角游标的读数方法。

【实验目的】

(1)掌握分光仪的使用方法。

(2)测量棱镜玻璃的折射率。

【仪器用具】

分光仪、三棱镜、钠光灯。

【实验原理】

用 ABC 表示三棱镜的一个截面,如图 1 所示。光线沿 P 在 AB 面上入射,经过棱镜在 AC 面上沿 P' 方向射出。P 和 P' 之间的夹角 δ 称偏向角。当棱镜的顶角 α 一定时,偏向角 δ 的大小是随入射角的改变而改变的。理论分析和实验证明,当 $\alpha = 60°$,而且在棱镜内部光束是与底面 BC 平行时(即 $i'_1 = i_2$),偏向角 δ 具有最小值。这个时候的偏向角称为最小偏向角,记为 $\delta_{\min}$。

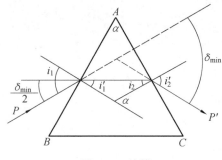

图 1　三棱镜

设棱镜玻璃的折射率为 n,则由折射定律得

$$\sin i_1 = n\sin i'_1$$
$$n\sin i_2 = \sin i'_2 \tag{1}$$

因为

$$i'_1 = i_2$$

所以

$$i_1 = i'_2$$

由图 1 可以看出,这时

$$i'_1 = \frac{\alpha}{2}$$

$$\frac{\delta_{\min}}{2} = i_1 - i'_1 = i_1 - \frac{\alpha}{2}$$

或

$$i_1 = \frac{\delta_{\min} + \alpha}{2}$$

代入式(1)得

$$n = \frac{\sin i_1}{\sin i'_1} = \frac{\sin\left(\dfrac{\delta_{\min} + \alpha}{2}\right)}{\sin\dfrac{\alpha}{2}} \tag{2}$$

于是,测得最小偏向角 $\delta_{\min}$,即可从式(2)求得棱镜玻璃的折射率 n。物质的折射率与通过物质的光波长有关,通常表示的物质折射率是对钠黄光而言,用 n_D 表示(一般都略去下标 D)。本实验用钠光灯做光源,用分光仪测量棱镜最小偏向角。

【实验步骤】

（1）了解分光仪的结构和调整方法,掌握角游标的读数方法(参阅本实验附录图 3、图 4、图 5)。本实验室的分光仪已基本调整完好,但是根据每个人的眼睛视力情况不同,仍需做适当的微调。

① 调整目镜。目的是使眼睛通过目镜能很清楚地看到目镜中分划板上的十字刻线。方法是轻微地左右旋转目镜视度调节手轮 14(参见附录图 3),使目镜中的十字像清晰为止。

② 调整望远镜。目的是能看清楚平行光管狭缝的像。方法是转动望远镜,使其中心轴与平行光管中心轴在一直线上,然后点亮光源,使光源贴近并照亮平行光管的狭缝,通过望远镜的目镜即能看到明亮的狭缝像,如该像不够明亮,可轻微移动光源,使狭缝像最明亮为止;如该像不够清晰,则松开目镜锁紧螺钉 12,轻微地前后移动目镜 13,使狭缝像最清晰为止,然后再锁紧螺钉 12。如该像在目镜视场中偏上或偏下,可轻微旋转望远镜光轴高低调节螺钉 15,使狭缝像居中。

（2）测量棱镜最小偏向角。

① 在将棱镜按图 2 所示放置在分光仪的载物台 9 上之前,点亮钠光灯照亮平行光管狭缝,转动望远镜对准平行光管,使狭缝像与目镜的十字刻线重合,在左游标和右游标上

读出 ϕ 方向的角度数值,并记录在表1中。

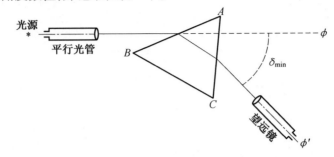

图2　测量棱镜最小偏向角实验原理图

② 将棱镜按图2所示放置在分光仪的载物台9上,向左转动望远镜,到 ϕ' 位置,找到狭缝像之后,轻微旋转载物台,这时会看见狭缝像向左或向右移动,若向左则说明偏向角增大,向右则说明偏向角减小,慢慢转动载物台使狭缝像向右移动,即要使偏向角逐渐连续减小,当载物台转到一个位置,狭缝像会出现反向移动,此时棱镜的位置就是棱镜的最小偏向角,在左游标和右游标上记录 ϕ' 的角度数值。

③ 计算棱镜最小偏向角 $|\phi' - \phi|$。

④ 重复步骤 ① 和 ②,测量三次。

⑤ 按式(2)计算棱镜玻璃折射率。

【注意事项】

(1) 调节分光仪的每一个部件都要轻调微调,动作不能猛,不能快。

(2) 严禁用硬物或用手触碰任何光学玻璃元件表面。

【数据及处理】

表1　测定棱镜的最小偏向角($\alpha = 60°00''$)

测量次数 i	左游标			右游标		
	1	2	3	1	2	3
入射方向 ϕ						
最小偏向 ϕ'						
$\delta_{min} = \mid \phi' - \phi \mid$						
折射率 n						
Δn						

计算棱镜玻璃折射率:

$$n = \frac{\sin\left(\dfrac{\delta_{min} + \alpha}{2}\right)}{\sin\dfrac{\alpha}{2}}$$

$$\overline{n} = \frac{1}{6}\sum_{i=1}^{6} n_i$$

$$\overline{\Delta n} = \frac{1}{6}\sum_{i=1}^{6} \Delta n_i$$

$$E = \frac{\overline{\Delta n}}{\overline{n}} \times 100\%$$

测量结果:

$$n = \overline{n} \pm \overline{\Delta n}$$

$$E = \qquad \%$$

【附录】 分光仪的结构和调整方法

分光仪是准确测量角度的仪器。光学实验中测量角的情况很多,如反射角、折射角、衍射角等。测量这些量的光学仪器(如摄谱仪、单色仪)在结构上都有很多共同点。分光仪是这一类仪器中的典型。

1. 分光仪的结构

分光仪由五部分组成:底座三脚架、平行光管、望远镜、载物台、读数度盘。其外形如图 3 所示。

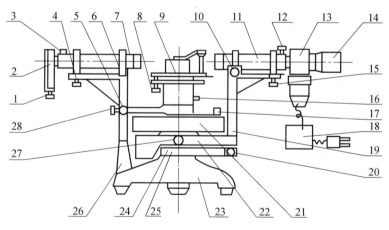

图 3 分光仪

1— 狭缝宽度调节手轮;2— 狭缝装置;3— 狭缝体锁紧螺钉;4— 狭缝体高低调节手轮;5— 游标盘微调手轮;6— 平行光管水平调节螺钉;7— 平行光管部件;8— 载物台调平螺钉;9— 载物台;10— 望远镜水平调节螺钉;11— 望远镜部件;12— 目镜锁紧螺钉;13— 阿贝式自准直目镜;14— 目镜视度调节手轮;15— 望远镜光轴高低调节螺钉;16— 载物台锁紧螺钉 ;17— 放大镜;18— 变压器;19— 支臂;20— 望远镜微调螺钉;21— 度盘;22— 转座;23— 底座三脚架;24— 望远镜止动螺钉;25— 制动架;26— 立柱;27— 度盘止动螺钉;28— 游标盘止动螺钉

(1)底座三脚架。

图标示为23,架座中心有一垂直方向的转轴,望远镜和读数度盘可绕轴旋转。

（2）平行光管。

图标示为 7，安装在立柱 26 上，平行光管的光轴位置可以通过立柱上的调节手轮 4 和螺钉 5 进行上、下和左、右两个方向微调，平行光管末端带有一狭缝装置 2，可沿光轴水平移动和转动，狭缝的宽度在 0～2 mm 内可以调节，光源照射在狭缝上。

（3）望远镜。

图标示为 11，安装在支臂 19 上，支臂与转座 22 固定在一起，并套在读数度盘 21 上，当松开止动螺钉 27 时，转座与读数度盘可以相对转动，当旋紧止动螺钉时，转盘与读数度盘一起旋转，旋转制动架 25 与底座上的止动螺钉 24 时，借助制动架上的调节螺钉 20 可以对望远镜进行微调（旋转），望远镜系统的光轴位置，也可以通过调节螺钉 10、15 进行左、右和上、下方向微调。望远镜系统的目镜 13 可以沿光轴前后移动做聚焦用，目镜的手轮 14，可使视场内分划板的十字像清晰。分划板视场的参数如图 4 所示。

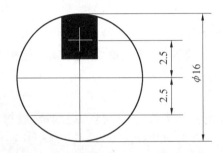

图 4　分划板视场的参数（单位：mm）

（4）载物台。

在图 3 中，图标示为 9，套在游标盘上，可以绕中心轴旋转，旋紧载物台锁紧螺钉 16 和制动架与游标盘的止动螺钉 28 时，借助立柱上的调节手轮 5 可以对载物台进行微调（旋转）。放松载物台锁紧螺钉时，载物台可根据需要升高或降低。调到所需位置后，再把锁紧螺钉旋紧，载物台有三个调平螺钉 8 用来调节使载物台与旋转中心线垂直。

（5）读数度盘。

图标示为 21，套在中心轴上，可以绕中心轴旋转，度盘上刻有 720 等分的刻线，每一格的格值为 30′，对径方向设有两个游标读数装置。测量时，通过放大镜读出两个读数值，然后取平均值，这样可消除偏心引起的误差。

2. 仪器的调整

（1）望远镜目镜的调焦。

目镜调焦的目的是使眼睛通过目镜能很清楚地看到目镜中分划板上的刻线。调焦方法是，先把目镜视度调节手轮 14 旋出，然后一边旋进，一边从目镜中观察，直至分划板刻线成像清晰，再慢慢地旋出手轮，至目镜中像的清晰度将被破坏而未破坏时为止。

（2）望远镜的调焦。

望远镜调焦的目的是将目镜分划板上的十字线调整到物镜的焦平面上，也就是望远镜对无穷远调焦。其方法如下：

① 接上灯源。将目镜灯源插头与变压器插座相接。

② 把望远镜光轴位置的调节螺钉 10、15 调到适中的位置。

③ 将双面反射镜放在载物台的中央,其反射面对着望远镜物镜,且与望远镜光轴大致垂直。

④ 通过调节载物台的调平螺钉 8 和转动载物台,使望远镜的反射像和望远镜在一直线上。

⑤ 从目镜中观察,此时可以看到一亮斑,前后移动目镜 13,对望远镜进行调焦,使亮十字线成清晰像,然后利用载物台上的调平螺钉 8 和载物台微调手轮 5,把这个亮十字线调节到与分划板上方的十字线重合,往复移动目镜,使亮十字和十字线无视差地重合。

(3)调整望远镜的光轴垂直于旋转主轴。

① 将双面反射镜 G 按图 5 所示摆放在圆形载物台的中心位置,A、B、C 是载物台的三个调平螺钉 8,转动载物台使双面反射镜 G 垂直正对望远镜的光轴。这样就可以在望远镜中看到从 G 反射回来的十字亮线。调整望远镜光轴上下位置调节螺钉 15,使反射回来的亮十字精确地成像在十字线上。

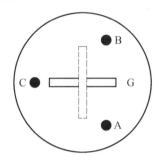

图 5　双面反射镜在载物台上的位置

② 把游标盘连同载物台双面反射镜旋转 180°,观察到的亮十字可能与十字丝有一个垂直方向的位移,就是说,亮十字可能偏高或偏低。

③ 调节载物台调平螺钉 A 或 B,使垂直方向的位移减少一半。

④ 调整望远镜光轴上下位置调节螺钉 15,使垂直方向的位移完全消除。

⑤ 把游标盘连同载物台上双面反射镜再转过 180°,检查其重合程度。重复步骤③和④使偏差得到完全校正。

(4)调整载物台平面垂直旋转主轴。

将双面反射镜 G 在载物台上转 90°,如图 5 虚线所示,正对望远镜。在望远镜中看到从 G 反射回来的十字亮线,可能没有精确成像在十字线上,就是说亮十字可能偏高或偏低,这时,必须调节载物台的螺钉 C,使亮线十字与十字线完全重合。

(5)平行光管的调焦。

平行光管调焦的目的是把狭缝调整到物镜的焦平面上,也就是平行光管对无穷远调焦。方法如下:

① 去掉目镜照明器上的光源,打开狭缝,用漫射光照明狭缝。

② 在平行光管物镜前放一张白纸,检查在纸上形成的光斑,调节光源的位置,使得在整个物镜孔径上照明均匀。

③除去白纸,把平行光管光轴左右位置调节螺钉6调到适中的位置,将望远镜管正对平行光管,从望远镜目镜中观察,调节望远镜微调机构10和平行光管上下位置调节手轮4,使狭缝位于视场中心。

④前后移动狭缝装置2,使狭缝清晰地成像在望远镜分划板平面上。

(6)调整平行光管的光轴垂直于主轴。

调整平行光管光轴上下位置调节手轮4,升高或降低狭缝像的位置,使得狭缝对目镜视场的中心对称。

(7)将平行光管狭缝调成垂直。

旋转狭缝机构2,使狭缝与目镜分划板的垂直刻线平行,注意不要破坏平行光管的调焦,然后将狭缝装置锁紧螺钉3旋紧。

3. 角游标的读数方法

角游标由主刻度圆盘和游标圆盘构成。设计时两个圆盘的中心是重合的,但在加工时两个圆心有偏差,如图6(a)所示,游标圆盘中心为O,主刻度圆盘中心为O'。这就造成左游标的读数$\varphi_2 - \varphi_1$偏大,右游标读数$\varphi'_2 - \varphi'_1$偏小,取左右两读数的平均值就消除了偏心差。角游标的读数方法如图6(b)所示,主刻度盘最小分刻度值为0.5°,游标盘最小分度值为1′,读数方法与游标卡尺的读数方法相同。图中的读数为167°11′。

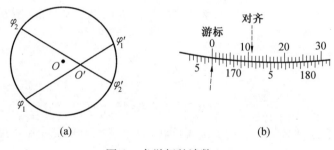

图6　角游标的读数

4. 仪器的保养

为了保持仪器的精度,延长使用寿命,减少故障,必须对仪器做好维护保养工作。

(1)分光仪不论在使用还是存放时,应避免灰尘、潮湿、过冷、过热及含有酸碱性气体的侵蚀。

(2)在不使用本仪器时,须将仪器擦拭干净,装入木箱内,放入干燥剂。

(3)如果光学零件表面有灰尘,可用镜头刷刷去,如果光学零件表面有脏物或油斑,可将干净的脱脂棉花卷在小木棒上,蘸上酒精或航空汽油仔细地擦去,但须注意,切勿使小木棒直接接触光学零件表面,以免擦伤,光学零件表面切勿用手触碰,以免油脂、汗迹附着。

(4)狭缝机构制造精细,调整精密,没有必要时,不宜拆卸调节,以免由于调节不当而影响精度。

实验十　　光的干涉

【预习提示】

光的干涉现象证明光具有波动性。牛顿环是用分振幅的方法产生的干涉现象。在实际工作中常用它来测量透镜的曲率半径,也可用来检查加工面的光洁度和平面度。本实验的学习重点是:

(1)了解牛顿环产生干涉的原理和测量透镜曲率半径的方法。

(2)掌握用逐差法处理数据的方法。

【实验目的】

(1)观察光的等厚干涉现象。

(2)用牛顿环测定平凸透镜的曲率半径。

【实验用具】

读数显微镜、牛顿环、钠光灯。

【实验原理】

将一块平凸透镜放在一块光学平板玻璃上,因而在它们之间形成以接触点 O 为中心向四周逐渐增厚的空气薄膜,离 O 点等距离处厚度相同,如图1(a)所示。当光垂直入射时,其中有一部分光线在空气膜的上表面反射,即 AOB 圆弧面,一部分在空气膜的下表面反射,即 CD 平面,因此产生两束具有一定光程差的相干光,当它们相遇后就产生干涉现象。由于膜厚度相等处是以接触点为中心的同心圆,即以接触点为圆心的同一圆周上各点的光程差相等,故干涉条纹是一系列以接触点为圆心的明暗相间的同心圆,如图1(b)所示。这种干涉现象最早为胡克所发现,牛顿曾用光的微粒说给予解释,故称为牛顿环。但是牛顿的解释很难令人置信,现在用波动理论能很好地解释光的干涉现象。

设入射光是波长为 λ 的单色光,第 k 级干涉的半径为 r_k,该处空气膜厚度为 h_k,则空气膜上、下表面两束反射光的光程差为

$$\delta = 2nh_k + \frac{\lambda}{2}$$

式中,$\frac{\lambda}{2}$ 是由于光从光疏媒质射到光密媒质的交界面上反射时,发生半波损失引起的;n 为空气的折射率,即 $n = 1$,故有

$$\delta = 2h_k + \frac{\lambda}{2} \tag{1}$$

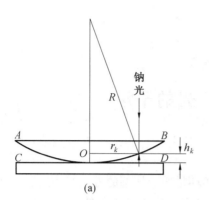 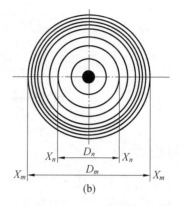

图 1 牛顿环

设 R 是透镜凸面 AOB 的曲率半径,从图 1(a) 中的几何关系得

$$R^2 = (R - h_k)^2 + r_k^2 = R^2 - 2Rh_k + h_k^2 + r_k^2 \tag{2}$$

因 h_k 远小于 R,h_k^2 项可忽略,故得

$$h_k = \frac{r_k^2}{2R} \tag{3}$$

当光程差为半波长的奇数倍时,干涉产生暗条纹,由式(1) 有

$$2h_k + \frac{\lambda}{2} = (2k + 1)\frac{\lambda}{2}, \quad k = 0, 1, 2, \cdots \tag{4}$$

将式(3) 代入式(4) 便得暗环的半径为

$$r_k = \sqrt{kR\lambda} \tag{5}$$

由式(5) 可见,r_k 与 k 和 R 的平方根成正比,随 k 的增大,环纹越来越密,而且越细。同理可推得,亮环的半径为

$$r'_k = \sqrt{(2k - 1)R\lambda/2} \tag{6}$$

由式(5) 可知,若入射光波长 λ 已知,测出各级暗环的半径,则可算出曲率半径 R。但实际观察牛顿环时发现,牛顿环的中心不是理想的一个接触点,而是一个不甚清晰的暗或亮的圆斑。其原因是透镜与玻璃板接触处的接触压力引起形变,使接触处为一圆面;又因镜面上可能有尘埃存在,从而引起附加的光程差。因此难以准确判定级数 k 和 r_k。改用两个暗环的半径 r_m 和 r_n 的平方差来计算 R,由式(5) 可得

$$R = \frac{r_m^2 - r_n^2}{\lambda(m - n)} \tag{7}$$

因暗环的半径不宜确定,故用暗环直径 D 代替半径 r,得

$$R = \frac{D_m^2 - D_n^2}{4\lambda(m - n)} \tag{8}$$

【实验步骤】

(1) 按图 2 安置实验仪器(读数显微镜)。点亮钠光灯,将牛顿环装置 13 放在显微镜的载物台 7 上,并将物镜 11 对准牛顿环装置中心,调整半反射镜 10 的位置,使显微镜视场

亮度最大。

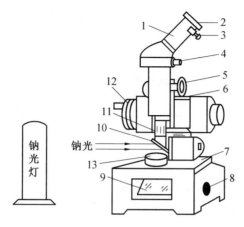

图 2 读数显微镜

1— 目镜筒;2— 目镜;3、4— 锁紧螺钉;5— 调焦手轮;6— 标尺;7— 载物台;8— 反光镜旋轮;
9— 反光镜;10—45° 半反射镜;11— 物镜组;12— 测微鼓轮;13— 牛顿环

（2）轻微转动目镜 2,使从目镜中能看清楚十字叉丝。调节显微镜调焦手轮 5 使显微镜镜筒下降至接近牛顿环玻璃片,然后从显微镜中观察,并通过调焦手轮 5 缓慢上升镜筒,直到能看清干涉条纹。适当移动牛顿环位置,使叉丝交点与牛顿环中心大致重合,并使一根叉丝与标尺平行。先定性观察左右的 30 个环形干涉条纹是否都清晰,且是否都在显微镜的读数范围内,以便做定量测量。

（3）移动测微鼓轮 12,先使镜筒由牛顿环中心向左移动,同时开始数环数,从第 1 环顺序数到第 30 环,然后反向转到第 25 环并使叉丝对准暗环中间,记录第 25 环位置的读数。继续转动鼓轮,依次测出第 24 至第 16 环位置的读数。随后继续向右转动鼓轮,使镜筒经过环心再依次测出右侧第 16 环至第 25 环位置的读数。显然,某环左右位置读数之差即为该环直径。上述的操作目的是为了消除"空程误差"。因为螺杆和螺母不可能完全密接,当螺旋转动方向改变时,它们的接触状态也会改变,因此测量时应自始至终向同一方向转动测微鼓轮,绝不允许来回转动测微鼓轮。

（4）用逐差法求 R。将测量数据代入式（8）,要求环数之差 $m - n = 5$。即

$$R_1 = \frac{D_{25}^2 - D_{20}^2}{4\lambda(25 - 20)}, \quad R_2 = \frac{D_{24}^2 - D_{19}^2}{4\lambda(24 - 19)}, \quad \cdots, \quad R_5 = \frac{D_{21}^2 - D_{16}^2}{4\lambda(21 - 16)}$$

求 R_i 平均值

$$\overline{R} = \frac{1}{5}\sum_{i=1}^{5} R_i$$

【注意事项】

遵守读数显微镜的操作规程:

（1）用调焦手轮对被测件进行调焦前,应先使物镜筒下降接近被测件,然后眼睛从目镜中观察,旋转调焦手轮,使镜筒慢慢向上移动,这就避免了两者相碰挤坏被测件的危险。

（2）在测量时应始终向同一方向转动测微鼓轮,使叉丝和目标对准,若移动叉丝超过目标,应多退回一些,再重新向同一方向转动测微鼓轮去对准目标。

【数据及处理】

表1　测量牛顿环暗环直径 D　　　　$\lambda = 589.3 \times 10^{-9}\,\mathrm{m}$

暗环序号	25	24	23	22	21	20	19	18	17	16
X/mm										
X'/mm										
$D = \lvert X' - X \rvert /\mathrm{mm}$										

用逐差法求透镜曲率半径 R：

$$R_1 = \frac{D_{25}^2 - D_{20}^2}{4\lambda\,(25 - 20)}, \quad R_2 = \frac{D_{24}^2 - D_{19}^2}{4\lambda\,(24 - 19)}, \quad \cdots, \quad R_5 = \frac{D_{21}^2 - D_{16}^2}{4\lambda\,(21 - 16)}$$

$$\overline{R} = \frac{1}{5}\sum_{i=1}^{5} R_i$$

$$\Delta R = \frac{1}{5}\sum_{i=1}^{5} \lvert R_i - \overline{R} \rvert$$

$$E = \frac{\Delta R}{\overline{R}} \times 100\%$$

测量结果：

$$R = \overline{R} \pm \Delta R \quad （单位）$$
$$E = \quad \%$$

实验十一　　衍射光栅

【预习提示】

当光从不透明物体的边缘通过时会观察到光线偏离直线路程的现象,称为光的衍射。研究光的衍射有助于进一步学习近代光学实验技术,如光测弹性、晶体结构分析、全息照相和光通信技术等。本实验的学习重点是:

(1)了解光栅的结构和光栅方程的意义。

(2)了解测量衍射角的方法。

【实验目的】

(1)观察光栅的衍射现象。

(2)测定光栅的光栅常数。

【仪器用具】

分光仪、光栅、钠光灯。

【实验原理】

(1)光栅的构造。

在一块平面玻璃板上,刻划一组很细微的不透明的直线,如图1所示,a 为光栅不透明宽度,b 为透明狭缝的宽度,$d = a + b$,称为光栅常数,它是光栅的基本参数之一。通常在一块宽约1 cm的玻璃板上刻有上万条不透明的直线,因此光栅常数 d 是一个很小的数值,约为 0.001 mm,其数量级与可见光的波长相近。

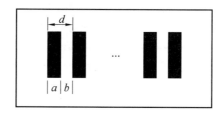

图1　光栅

(2)光栅方程。

当波长为 λ 的平行光束垂直投射到光栅平面时,光波将在各个狭缝处发生衍射,所有缝的衍射又彼此发生干涉。可以将每个透明的狭缝看作一个缝光源,这样,数万个缝光源叠加起来,在光栅后面用望远镜观察,如图2(a)所示,当衍射角 φ 满足光栅方程

$$d\sin\varphi = \pm k\lambda, \quad k = 0,1,2,\cdots \qquad (1)$$

时,光会加强,出现明条纹,式中 d 是光栅常数, λ 为光源的波长, k 是明条纹级数。

k 取不同值,可以得到一组谱线,称为光栅光谱,如图 2(b) 所示。

在实验中,通过测量 0 级、1 级、2 级……谱线的衍射角 φ,即可根据式(1)求出光栅常数。

【实验步骤】

(1) 了解分光仪的结构和调整方法(参阅实验九,按该实验的【实验步骤】(1)进行调整)。

(2) 测量光栅的衍射角 φ。

① 将光栅平面正对平行光管置于分光仪的载物台上,如图 2(a) 所示。点亮钠光灯,照亮平行光管的狭缝,转动望远镜对准平行光管,通过目镜即可观察到狭缝像。这就是 0 级亮纹,如该像不够明亮,可轻微移动钠光灯,使狭缝像最明亮为止;如该像不够清晰,则松开目镜锁紧螺钉 12,轻微地前后移动目镜,使狭缝像最清晰为止;如该像在目镜视场中偏上或偏下,可轻微旋转望远镜的高低调节螺钉 15,使狭缝像居中。

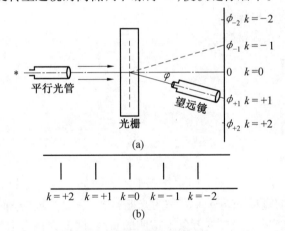

图 2　测量光栅的衍射角

② 以 0 级亮纹为基准,先向左侧慢慢转动望远镜,同时眼睛要注视目镜,直至找到第一级亮条纹(即 $k = +1$),使目镜中的十字叉丝与狭缝像重合,在左游标和右游标上分别读出 $k = +1$ 级亮纹的角度值 ϕ_{+1},记录在表 1 中。继续向左慢慢转动望远镜,找到第二级亮纹(即 $k = +2$),同样读出 $k = +2$ 级亮纹的角度值 ϕ_{+2},记录在表 1 中。然后反向慢慢转动望远镜,找到右边第一级和第二级(即 $k = -1$ 和 $k = -2$)亮纹,分别读出和记录 $k = -1$ 级亮纹的角度值 ϕ_{-1} 和 $k = -2$ 级亮纹的角度值 ϕ_{-2}。

③ 计算光栅的衍射角

$$\varphi_1 = \frac{1}{2} \mid \phi_{+1} - \phi_{-1} \mid$$

$$\varphi_2 = \frac{1}{2} \mid \phi_{+2} - \phi_{-2} \mid$$

④ 按式(1)计算光栅常数。

【注意事项】

（1）调节分光仪的每一个部件都要轻调微调，动作不能猛，不能快。

（2）严禁用硬物及手触碰任何光学零件表面。

【数据及处理】

表1 测量光栅的衍射角 φ $\qquad \lambda = 589.3 \times 10^{-9} \text{m}$

k	+ 1	+ 2	− 1	− 2
左游标 $\phi_{左}$				
右游标 $\phi_{右}$				

$$\varphi_1 = \frac{1}{4}\left[\,|\,\phi_{+1左} - \phi_{-1左}\,| + |\,\phi_{+1右} - \phi_{-1右}\,|\,\right]$$

$$\varphi_2 = \frac{1}{4}\left[\,|\,\phi_{+2左} - \phi_{-2左}\,| + |\,\phi_{+2右} - \phi_{-2右}\,|\,\right]$$

计算光栅常数：

$$d_1 = \frac{\lambda}{\sin \varphi_1}, \quad d_2 = \frac{2\lambda}{\sin \varphi_2}$$

$$\overline{d} = \frac{1}{2}(d_1 + d_2)$$

$$\Delta d = \frac{1}{2}(|\,d_1 - \overline{d}\,| + |\,d_2 - \overline{d}\,|)$$

$$E = \frac{\Delta d}{\overline{d}} \times 100\%$$

测量结果：

$$d = \overline{d} \pm \Delta d$$

$$E = \quad \%$$

实验十二　　测量溶液的旋光率

【预习提示】

光的偏振说明光波是横波。偏振光在物理学、化学和工程学等领域以及光电子技术中作为测量手段有广泛的应用。旋光仪是其中的一种,工业上常用于测量葡萄糖溶液的浓度,又称量糖计。本实验的学习重点是:

(1) 了解偏振光的产生、检验和测量偏振面旋转角的方法。

(2) 了解旋光仪半萌式结构及其优点。

【实验目的】

(1) 观察偏振光的旋光现象。

(2) 测量葡萄糖溶液的旋光率。

【仪器用具】

旋光仪、葡萄糖、蒸馏水。

【实验原理】

偏振光通过某些透明物质时,能使偏振光的振动面旋转一定角度,这种现象称为旋光现象,具有使偏振面旋转本领的物质称为旋光物质。许多有机化合物,如石油、葡萄糖等都具有旋光性,这是由于其分子结构不对称而形成的。还有一些矿物,如石英、朱砂等,也有旋光性,这种旋光性是由于结晶构造而形成的,但当晶体形态消失以后,旋光性也就消失。不同的物质使偏振光的振动面旋转的方向是不同的,当观察者迎着光线观察时振动面向逆时针方向旋转的称为左旋物质,振动面向顺时针方向旋转的称为右旋物质。

实验证明,偏振光的振动面旋转的角度与入射光的波长有关。在给定波长情况下,与旋光物质的性质及厚度有关,旋转角的大小可用下式表示:

$$\phi = ad$$

式中　　d—— 物质的厚度;

　　　　a—— 旋光恒量,与物质的性质及入射光的波长有关。

对于葡萄糖、松节油等有机化合物的溶液,振动面旋转的角度 ϕ(单位:(°)) 可由下式表示:

$$\phi = [\alpha]cd \tag{1}$$

式中　　c—— 溶液的浓度,g/cm^3;

　　　　d—— 溶液的厚度,dm;

　　[α]——比例常数，称为旋光率，$(°) \cdot g^{-1} \cdot cm^3 \cdot dm^{-1}$，旋光率在数值上等于光通过浓度为 $1 g \cdot cm^3$、厚度为 $1 dm$ 的溶液层后，振动面旋转的角度。

　　由式（1）可知，若已知溶液的浓度和厚度，只要测出振动面的旋转角，便可求得这种物质的旋光率；反之，若已知旋光率，便可求得溶液的浓度。

　　测量振动面旋转角度的实验原理如图 1 所示。一般光源都不是偏振光，图中用两个互相垂直的方向来表示，叫自然光。利用某些化合物晶体具有吸收选择性而制成的偏振镜，可以产生偏振光。当两个偏振镜的振动面正交时，通过起偏镜 P 的偏振光不能通过检偏镜 A，观察视场完全黑暗，如图 1（a）所示。若在两振动面正交的偏振镜之间放入某种旋光物质，使起偏后的偏振光的振动面发生旋转，将有部分光线通过检偏镜，视场将会变亮，如图 1（b）所示。这时旋转检偏镜到某一角度，可使视场重新变黑暗。检偏镜转过的角度，就等于偏振光的振动面通过旋光物质后旋转的角度。

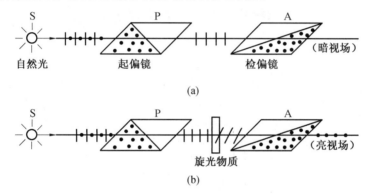

　　（a）

　　（b）

图 1　研究物质旋光性的原理图

【实验步骤】

　　（1）调整旋光仪。

　　① 了解旋光仪的半萌式结构，光路及双游标的读法。参阅本实验附录图 2 ~ 5。

　　② 将仪器电源接入 220 V 交流电源，打开仪器开关，等钠光灯光稳定后工作。

　　③ 调节旋光仪的目镜，左右旋转图 2 中望远镜目镜 10，使之能很清晰地看见视场中三部分明和暗的分界线。

　　④ 检验零点，旋转刻度盘（图 2 中 9），使刻度盘 0° 读数对准游标盘 0 点，然后从目镜观察视场，理想情况应看到暗淡均匀一片的视场，如图 4（b）所示的情况。若发现视场明暗不均匀，有明显的分界线，即应轻微左右转动刻度盘，使视场中明暗的分界线刚好消失，记下左游标和右游标上的读数，取其平均值 ϕ_0 作为零点。

　　（2）测量葡萄糖溶液的旋转角。

　　将已知浓度 c 的葡萄糖溶液试管（长度 d 已知）放入旋光仪槽内，关闭上盖。试管中若有气泡，应先让气泡浮在凸颈处。这时，原先暗淡均匀一片的视场会变成明暗分隔的三部分，而且出现两条明暗分界线。旋转刻度盘，使它转到视场中两条明暗分界线刚好消失，注意旋转动作要轻、要慢。读出左、右游标的读数 ϕ_1，则糖溶液的旋转角为

$$\phi = | \phi_1 - \phi_0 |$$

（3）重复测量三次，求平均值 $\overline{\phi}$。

（4）求葡萄糖溶液的旋光率。

由式（1）得

$$[\alpha] = \frac{\phi}{cd} ((°) \cdot g^{-1} \cdot cm^3 \cdot dm^{-1})$$

【注意事项】

（1）放置葡萄糖溶液试管时要使管中的气泡浮在凸颈上部，以免影响光路。

（2）调整旋光仪的程序。

① 目镜聚焦。轻微转动目镜，使视场中明暗分界线清晰。

② 校正零点。先将刻度盘的 0 点读数对准游标 0 点，然后通过目镜观察，轻微地左旋一下、右旋一下刻度盘，找到视场最暗、分界线刚消失时的位置。

【数据及处理】

表1　测量葡萄糖溶液的旋转角 ϕ

次数	1	2	3	$\overline{\phi}$	σ	$\Delta_{仪}$	$\Delta\phi$	ϕ_0
左游标 $\phi_{左}$								
右游标 $\phi_{右}$								

$$c = 0.100 \text{ g} \cdot cm^{-3}, \quad d = 1.00 \text{ dm}$$

$$\overline{\phi} = \frac{1}{2}(\overline{\phi_{左}} + \overline{\phi_{右}}) - \phi_0$$

$$\overline{\Delta\phi} = \frac{1}{2}(\Delta\phi_{左} + \Delta\phi_{右})$$

计算葡萄糖溶液旋光率：

$$[\overline{\alpha}] = \frac{\overline{\phi}}{cd}$$

计算旋光率的不确定度：

$$E = \frac{\Delta[\alpha]}{[\overline{\alpha}]} = \frac{\overline{\Delta\phi}}{\overline{\phi}}$$

$$\Delta[\alpha] = E \cdot [\overline{\alpha}] （单位）$$

测量结果：

$$[\alpha] = [\overline{\alpha}] + \Delta[\alpha]$$
$$E = \quad \%$$

【附录】　旋光仪介绍

测量物质旋光度的装置称为旋光仪，其结构如图2所示，测量时，先将旋光仪中起偏镜和检偏镜的偏振轴调到相互正交，这时在目镜中看到最暗的视场，然后装上测试管，转动检偏镜,使因振动面旋转而变亮的视场重新达到最暗,此时检偏镜的旋转角度即为被测溶液的旋光度。

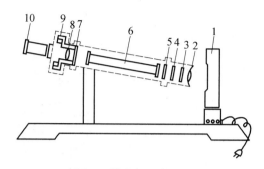

图2　旋光仪示意图

1— 光源;2— 会聚透镜;3— 滤色片;4— 起偏镜;5— 半萌片;6— 测试管;

7— 检偏镜;8— 望远镜物镜;9— 刻度盘;10— 望远镜目镜

由于人的眼睛不能精确判断视场完全黑暗的位置,因此应用半萌式结构,这种装置需要判断的不是视场完全黑暗,而是比较视场中相邻两光区的亮度是否相同,可以达到更精确的测量。具体装置如图3所示。在起偏镜后再加一石英晶体片(半萌片),此石英片只是中间部分和起偏镜在视场中重叠,于是将视场分为左、中、右三部分。取石英片的光轴与自身表面平行并与起偏镜的偏振轴成一定角度 θ(仅几度)。由光源发出的光经起偏镜后变成线偏振光,其中一部分再经过石英片(其厚度恰使在石英片内分成的 o 光和 e 光的相位差为 π 的奇数倍,出射的合成光仍为线偏振光),其振动面相对于入射光的偏振面转过了 2θ,所以进入旋光物质的光是两束振动方向不同的偏振光,它们振动面间的夹角为 2θ。

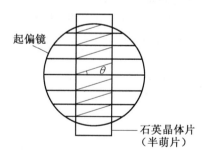

图3　半萌式结构

如图4所示,OP 表示起偏镜的偏转轴,OP' 表示透过石英片后偏振光的振动方向,OA 表示检偏镜的偏转轴,β、β' 分别表示 OP、OP' 与 OA 的夹角,再以 OA_P 和 $OA_{P'}$ 分别表示通过起偏镜和起偏镜加石英片的偏振光在检偏镜上偏振轴方向的分量,由图4可知,当转动检偏镜时,OA_P 和 $OA_{P'}$ 的大小将发生变化,反映在目镜中,见到的视场将出现亮暗的交替变化(图4的下半部)。图中列出了四种显著不同的情形:

图4(a)中,$\beta' > \beta$,$OA_P > OA_{P'}$,通过检偏镜观察时,与石英片对应的部分即视场的中部为暗区,与起偏镜对应的部分即视场左右两边为亮区,视场被分为清晰的三部分。当

$\beta' = \dfrac{\pi}{2}$ 时,$A_{P'} = 0$ 亮暗的反差最大。

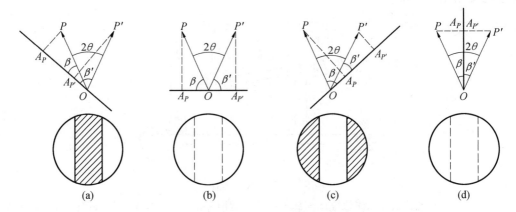

图 4 转动检偏镜,目镜中视场的亮暗变化图

图 4(b) 中,$\beta' = \beta$,$OA_P = OA_{P'}$,通过检偏镜观察时,视场中三部分分界线消失,亮度相等,但整个视场较暗。

图 4(c) 中,$\beta' < \beta$,$OA_P < OA_{P'}$,视场又分为三部分,与石英片对应的中间部分为亮区,与起偏镜对应的左右两边部分为暗区,当 $\beta = \dfrac{\pi}{2}$ 时,$A_P = 0$,亮暗的反差最大。

图 4(d) 中,$\beta' = \beta$,$OA_P = OA_{P'}$,视场中三部分分界线消失,亮度相等,但由于 OA_P 和 $OA_{P'}$ 都大于图 4(b) 中的情况,所以整个视场较亮。

由于在亮度不太强的情况下,人眼辨别亮度微小差别能力较强,所以常取图 4(b) 所示的视场作为参考视场,并将此时检偏镜的偏振轴所指的位置取为刻度盘的零点。

在旋光仪中放上测试管后,原先分界线消失的视场又明显出现图 4(a) 或(c) 的情况,这时转动检偏镜,使视场仍旧回到图 4(b) 所示的状态,则检偏镜转过的角度即为被测试溶液的旋光度。

旋光仪的角游标由主刻度盘和游标盘组成,如图 5 所示。主刻度盘最小分度值为 1°,游标盘最小分度值为 0.05°。图中读数为 9.30°。

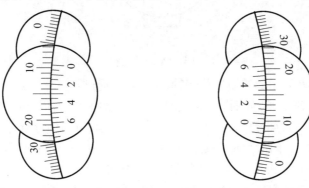

图 5 旋光仪的角游标

实验十三　　共振法测杨氏模量

【预习提示】

杨氏模量(又称弹性模量)是描述材料刚性特征的物理量,是工程技术中常用的参数。杨氏模量越大,材料越不容易发生形变。测量杨氏模量的方法有多种,本实验采用共振法进行测量,简便有效,实际中常用。本实验的学习重点是:

(1)了解杨氏模量的意义。

(2)了解共振法测杨氏模量的基本思想和公式中各变量的含义。

【实验目的】

(1)了解共振法测定杨氏模量的原理。

(2)测定铜的杨氏模量。

【仪器用具】

杨氏模量实验仪、双踪示波器。

【实验原理】

设样品材料的长度为 L,横截面积为 S,在拉力 F 作用下伸长了 ΔL,定义单位长度的伸长量 $\Delta L/L$ 为应变,单位横截面积所受的力 F/S 为应力。根据胡克定律,在弹性限度内,应变与应力成正比关系,即

$$\frac{F}{S} = E\frac{\Delta L}{L} \tag{1}$$

比例系数 E 称为杨氏模量,单位为牛·米$^{-2}$(N·m^{-2})。E 仅与材料性质有关,与材料的几何形状和所受外力的大小无关。其大小表征材料抗形变能力的强弱,数值上等于产生单位应变的应力。它的物理意义很明显,即在拉力 F 的作用下,使长度为 L 的材料伸长 $\Delta L = L$ 时的应力 $\dfrac{F}{S}$。E 是工程设计中机械构件选材的重要参数。

测量杨氏模量的常用方法有拉伸法、弯曲法和振动法等。本实验用悬丝耦合弯曲共振法测定铜的杨氏模量。共振法的基本思想是:杨氏模量是弹性体(铜棒)发生伸长或压缩形变时抵抗拉伸强弱的物理量。当一个频率一定的机械振动在弹性棒中传播时,会引起棒的反复弯曲,在此过程中,棒的不同部位将出现反复的伸长和压缩,并且这种反复弯曲的强度是随外来机械振动的频率不同而变化的。但是每种材料的弹性棒都存在一个固定的频率,使这种反复弯曲的强度最大。因此,棒的杨氏模量与棒的固有频率必然存在一

定的函数关系,从此关系即可求得杨氏模量。实验装置如图 1 所示,将一根圆截面棒用两根细棉线悬挂在两只传感器(一只激振,一只拾振)下面,激振传感器将电信号变成机械振动,拾振传感器将机械振动变成电信号。在试样两端自由的条件下,由信号发生器产生的电信号通过激振传感器使试样做横向弯曲振动,由拾振传感器检测出试样共振时的共振频率,再测出试样的几何尺寸、质量等参数,则可由下式计算试样的杨氏模量:

$$E = 1.6067 \frac{ml^3}{d^4} f^2 \tag{2}$$

式中 m—— 棒的质量,kg;

        l—— 棒长,m;

        d—— 棒的直径,m;

        f—— 试样的共振频率,Hz。

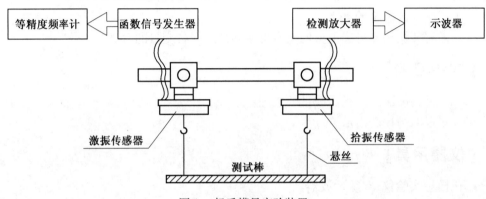

图 1　杨氏模量实验装置

【实验步骤】

(1) 测量试样几何尺寸和质量。

用游标卡尺测量试样的长 l 和直径 d,用天平测量试样的质量 m。本实验用铜棒的几何尺寸和质量的参数值为:$l = (150.00 \pm 0.02)$ mm,$d = (6.00 \pm 0.02)$ mm,$m = (35.5 \pm 0.5)$ g。

(2) 估算试样共振频率。

本实验的试样铜的杨氏模量为 $E = 1.03 \times 10^{11}$ N·m^{-2}。根据式(2)及试样几何尺寸和质量估算试样的共振频率。

(3) 将试样通过细棉线对称吊挂在距离端面为 $0.15l$ 和 $0.85l$ 处,两根细棉线的另一端分别固定在激振和拾振传感器挂钩上,注意两根细棉线长度相等,滑动横梁上两个滑动块,使两根细棉线垂直且相互平行,以保持试样水平。

(4) 将函数信号发生器"激振输出"正弦信号接至测试台的"激振输入"座,将测试台的"拾振输出"座引导线接至实验仪的"拾振输入"座,经检测放大后,将实验仪的"拾振输出"座引导线接至示波器。调节"频率粗调"电位器,调至估算的试样共振频率左右,调节"幅度调节"电位器,使示波器显示信号幅度合适。然后缓慢调节"频率细调"电位器,使示波器显示信号幅度最大时,即为试样的共振频率 f。

（5）重复步骤（4）测量共振频率三次，求平均值 $\bar{f}$ 和 $\overline{\Delta f}$，填入表 1 中。

（6）由式（2）计算试样的杨氏模量。

【注意事项】

（1）实验所用激振和拾振传感器均为精密电磁式传感器，下面有悬挂试样的挂钩，实验调节及吊挂过程中要小心，不可用力，否则易损坏挂钩及传感器。

（2）测试时尽可能采用较弱的信号激发，一方面保证不会因长时间输出功率过大而损坏传感器，另一方面发生虚假信号的可能性较小。

（3）若测量的共振频率与估算的共振频率偏差太大，有可能出现假共振峰，因为在实际测量中，激振、拾振传感器，悬丝，测试台支架等部件都有自己的共振频率，都有可能以其本身的基频或高次谐波频率发生共振。

【数据及处理】

表 1　共振频率测量

次数	1	2	3	平均值
共振偏率 f_i/Hz				$\bar{f} =$
$\Delta f = \|f_i - \bar{f}\|$ /Hz				$\overline{\Delta f}$

$l = (150.00 \pm 0.02)$ mm，　$d = (6.00 \pm 0.02)$ mm，　$m = (35.5 \pm 0.5)$ g

计算杨氏模量：

$$\bar{E} = 1.606\,7 \frac{ml^3}{d^4} \bar{f}^2$$

计算不确定度：

$$\sigma = \frac{\Delta E}{E} = \frac{\Delta m}{m} + 3\frac{\Delta l}{l} + 4\frac{\Delta d}{d} + 2\frac{\overline{\Delta f}}{f}$$

$$\Delta E = \sigma \cdot \bar{E}$$

测量结果：

$$E = \bar{E} \pm \Delta E$$

$$\sigma = \qquad \%$$

实验十四　　空气比热容比的测定

【预习提示】

气体的比定压热容与比定容热容之比称比热容比 γ，它是热力学过程中一个重要的参量。特别是在绝热过程中，气体的压强和温度都直接与 γ 值有关。本实验用绝热膨胀法测量空气的 γ 值。本实验的学习重点是：

（1）了解热力学过程中气体状态变化的规律。

（2）掌握用气压传感器测量气压的方法。

【实验目的】

（1）观察热力学过程中气体状态的变化。

（2）用绝热膨胀法测定空气比热容比 γ 值。

【仪器用具】

空气比热容比测定仪。

【实验原理】

使 1 g 气体受热温度变化 1 ℃ 所需要的热量称比热容。气体受热过程不同，有不同的比热容。气体受热过程可分为等容和等压过程。所以气体比热容有比定容热容 c_V 和比定压热容 c_p。将 1 g 气体在保持体积不变的情况下加热，温度变化 1 ℃ 所需要的热量称比定容热容 c_V。同理，将 1 g 气体在保持压强不变的情况下加热，温度变化 1 ℃ 所需的热量称比定压热容 c_p。

$$\gamma = \frac{c_p}{c_V} \tag{1}$$

本实验用绝热膨胀法测定空气的比热容比 γ 的值。

实验装置如图 1 所示。主要由两部分组成：A 为贮气瓶，B 为测定仪。贮气瓶的瓶口橡皮塞上有两个通气阀门：C 为进气阀门，与打气胶球连通，通过胶球向瓶内打气；D 为放气阀门，可向外部环境放气。橡皮塞上还有两根屏蔽电缆：其一是硅压力传感器的信号输出电缆（灰色），它连接在测定仪的压强测定插孔上。另一根是温度传感器的信号输出电缆（黑色），可以测量瓶内温度。

测定空气 γ 值是通过以下三个热力学过程实现的：

（1）打开 C 阀门，通过打气胶球向 A 瓶打气，关闭 C 阀门后，A 瓶内空气处于（p_1、T_0、V_1）状态，其中 V_1 为 A 瓶容积，T_0 为室温，p_1 为瓶内压强，此时 p_1 大于室内环境气压 p_0，即

$p_1 > p_0$。此为第一个热力学过程,即向 A 瓶打气加压使系统处于状态 I (p_1、T_0、V_1)。

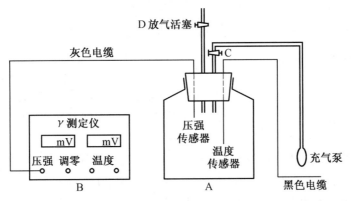

图 1 测定空气比热容比的实验装置

(2)打开 D 阀门,瓶 A 中空气迅速向室内环境排放,发生绝热膨胀,当瓶 A 气压等于环境气压 p_0 时,立即关闭 D 阀门。瓶内空气处于(p_0、T_1、V_2)状态。此时 T_1 低于室温,即 $T_1 < T_0$,这是因为绝热膨胀,瓶内空气对外做功,消耗自身内能的必然结果。原气体系统的体积增大,即 $V_2 > V_1$。此为第二个热力学过程,瓶 A 系统由状态 I 变为状态 II (p_0、T_1、V_2)。

(3)关闭 D 阀门后一段时间内,瓶内空气吸收室内热量,使瓶内温度逐渐恢复回到室温 T_0,瓶内压强也逐渐增大到 p_2($p_1 > p_2 > p_0$),此为第三个热力学过程,即等容吸热过程,瓶 A 系统由状态 II 过渡到状态 III (p_2、T_0、V_2)。

上述过程使瓶 A 空气系统三个状态的变化可用图 2 形象地表示出来。

$$\boxed{I} \xrightarrow[\text{温度降低}]{\text{绝热膨胀}} \boxed{II} \xrightarrow[\text{温度恢复}]{\text{等容吸热}} \boxed{III}$$

图 2 空气系统状态变化

根据热力学理论,从状态 I 到状态 II 为绝热过程,应用绝热方程可得

$$\left(\frac{p_1}{p_0}\right)^{\gamma-1} = \left(\frac{T_0}{T_1}\right)^{\gamma} \tag{2}$$

从状态 II 到状态 III 为等容吸热过程,应用查理定律可得

$$\frac{p_2}{p_0} = \frac{T_0}{T_1} \tag{3}$$

由式(2)和式(3)可得

$$\left(\frac{p_1}{p_0}\right)^{\gamma-1} = \left(\frac{p_2}{p_0}\right)^{\gamma} \tag{4}$$

对式(4)两边同时取以 10 为底的对数,得

$$(\gamma - 1)\lg\frac{p_1}{p_0} = \gamma\lg\frac{p_2}{p_0}$$

对上式整理后,得

$$r = \frac{\lg p_1 - \lg p_0}{\lg p_1 - \lg p_2} \tag{5}$$

根据式(5)可知,只要测得 p_1 和 p_2 就可以求得 γ 值,p_0 为已知。

【实验步骤】

(1) 按图1将压力传感器信号输出电缆与测定仪的压强接口对接好。

(2) 将放气阀门 D 和进气阀门 C 打开,此时瓶 A 内空气与外部环境气压相通,调节测定仪的调零旋钮,将显示压强数调到 0.00 mV。

(3) 关闭放气阀门 D,通过打气胶球给瓶 A 打气,瞬时显示压强数达 150 ~ 200 mV。关闭进气阀门 C,稍待片刻,当显示压强数值稳定后记下压强数,此值为 U_1。该压力传感器的灵敏度是每毫伏相当于 50 Pa。大气压强以 Pa 为单位,则瓶 A 内的压强为

$$p_1 = p_0 + 50U_1 \tag{6}$$

(4) 将放气阀门 D 打开,当听到放气尾声就立即关闭 D。这时会看到测定仪的显示数值迅速降到 0.01 mV,而后又迅速上升,稍后是缓慢变化,达到稳定值时,记下此值为 U_2,此时瓶 A 内压强值为

$$p_2 = p_0 + 50U_2 \tag{7}$$

(5) 重复步骤(3)、(4)共 10 次,并将各次测得的 U_1 和 U_2 数据记录入表1。

(6) 记录室内大气压强 p_0 值,根据式(5) ~ (7),计算空气的 γ 值。

(7) 求出算术平均值 $\overline{\gamma}$ 和不确定度 $\overline{\Delta\gamma}$。

【数据及处理】

表1 测量空气 γ 值($p_0 = 1.024\,81 \times 10^5\,\text{Pa}$,气压传感器灵敏度为 50 Pa/mV)

次数	U_1/mV	$p_1/(\times 10^5\,\text{Pa})$	$\lg p_1$	U_2/mV	$p_2/(\times 10^5\,\text{Pa})$	$\lg p_2$	γ	$\Delta\gamma$
1								
2								
3								
4								
5								
6								
7								
8								
9								
10								

平均值:

$$\overline{\gamma} = \sum_{i=1}^{10} \frac{\gamma_i}{10}$$

$$\overline{\Delta\gamma} = \sum_{i=1}^{10} \frac{\left|\gamma_i - \overline{\gamma}\right|}{10}$$

$$E = \frac{\overline{\Delta\gamma}}{\overline{\gamma}} \times 100\%$$

测量结果：

$$\gamma = \overline{\gamma} \pm \overline{\Delta\gamma}$$

$$E = \quad\%$$

实验十五　　驻波实验

【预习提示】

波是振动在空间中的传播。弦的振动产生机械波,电矢量的振动产生电磁波。自然界中普遍存在着多种形式的振动现象,如热、声、电、磁、光、原子和分子等,尽管它们的振动形式不同,但都具有同样的规律,可以用统一的数学形式表示。最简单的振动形式是正弦振动(又称简谐振动),它产生的波叫正弦波,在一维空间中很像正弦曲线。一切复杂的振动都可以分解为多个简谐振动,因此,一切形式的波动都归结为多个正弦波的合成。这就是波的叠加原理。驻波是前进波与反射波的叠加,它在声学、光学和电子学中都很重要,可用于测定波长和振动频率。本实验的学习重点是:

(1)了解驻波的含义和产生的条件。

(2)掌握用驻波法测量波长和波速的方法。

【实验目的】

(1)观察弦线上形成的驻波现象。

(2)测定弦线中波的传播速度。

【仪器用具】

驻波实验仪。

【实验原理】

当两列频率和振幅都相同的波在同一直线上沿相反方向传播时,按照波的叠加原理,它们将形成驻波。叠加后合成的驻波有如下特点:

(1)在直线上某些点始终静止不动,称为波节;而在另一些点的振幅具有最大值,等于一个波的振幅的两倍,称为波腹。两个波节之间各点的振幅不相同,在零和最大值之间,但振动相位相同。

(2)在节点两侧振动相位相反,形成分段独立的振动,不发生波形和能量的传播,故这种波叫驻波。

设 y_1 为弦线沿 x 轴正方向传播的波(右行波),y_2 为沿 x 轴反方向传播的波(左行波),如图 1 所示,波动方程分别为

$$y_1 = A\cos 2\pi\left(ft - \frac{x}{\lambda}\right) \tag{1}$$

$$y_2 = A\cos 2\pi\left(ft + \frac{x}{\lambda}\right) \tag{2}$$

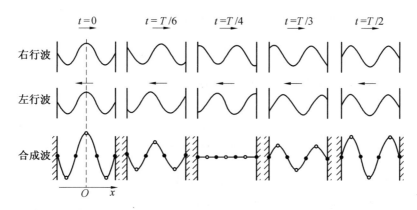

图 1 驻波

式中 A—— 振幅；

      f—— 频率,Hz；

      λ—— 波长,m；

      t—— 时间,s。

若波在传播和反射时均无能量损失,两波叠加后合成波方程式为

$$y = y_1 + y_2 = 2A\cos\frac{2\pi}{\lambda}x\cos 2\pi ft \tag{3}$$

式(3)即为驻波方程。从方程中可以看出,弦上各点的振幅 $\left|2A\cos\dfrac{2\pi}{\lambda}x\right|$ 与时间无关,它只是位置 x 的函数。

当

$$\frac{2\pi}{\lambda}x = (2k+1)\frac{\pi}{2}, \quad k = 0,1,2,\cdots \tag{4}$$

即 $x = (2k+1)\dfrac{\lambda}{4}$ 时,这些点的振幅始终为零,即为波节。

当

$$\frac{2\pi}{\lambda}x = \pm k\pi, \quad k = 0,1,2,\cdots \tag{5}$$

即 $x = k\dfrac{\lambda}{2}$ 时,这些点的振幅最大,即为波腹。

由式(4)和式(5)可知,相邻两波节(或波腹)之间的距离为半波长,因此只要测出 n 个波节(或波腹)之间的距离 l,就可确定其波长。即

$$\lambda = \frac{2l}{n} \tag{6}$$

本实验装置如图2所示。将弦线的一端跨过一劈形支座 B 固定在左端 A,另一端通过一劈形支座 C 跨过滑轮 D 后悬挂砝码,使弦线产生张力。弦线上通过频率可变的交流电流,在弦线的下方放置一个永久磁铁。于是通电流的弦线在磁场的作用下产生振动,振动的频率与交流电的频率相同。弦线的振动沿着弦线向滑轮 D 方向传播,这就是入射波,当它遇到劈形支座 C 的阻碍被反射时形成反射波。适当移动 BC 间距离,使弦线 BC 的有效

长度为半波长的整数倍时,弦上就会形成清晰的驻波。

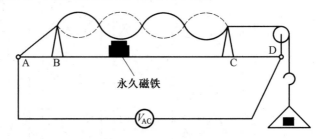

永久磁铁

图2　驻波实验装置

式(6)可视为形成驻波的条件,即只有当发射波的起点和反射波的起点之间的距离 l 等于半波长 $\frac{\lambda}{2}$ 的整数倍时,才能形成驻波。

弦线的振动方向与波的传播方向是垂直的,这种波称为横波。理论上证明,横波的传播速度 v 与弦线的线密度 ρ 以及弦线所受到的张力 $F = mg$（m 为砝码的质量）有如下关系:

$$v = \sqrt{\frac{mg}{\rho}} \tag{7}$$

波速 v 与波长 λ、振动频率 f 的关系是

$$v = f\lambda \tag{8}$$

将式(8)代入式(7)得

$$\lambda = \frac{1}{f}\sqrt{\frac{mg}{\rho}} \tag{9}$$

再将式(6)代入式(9)得

$$f = \frac{n}{2l}\sqrt{\frac{mg}{\rho}} \tag{10}$$

式(9)表示当弦线以一定频率振动时,其波长会随张力(mg)的大小而变化。式(10)表示对于弦长 l、张力 mg、线密度 ρ 一定的弦,其自由振动的频率不止一个,而是包括相当于 $n = 1, 2, \cdots$ 的 $f_1, f_2, \cdots$ 等多个频率。其中 $n = 1$ 的频率称为基频, $n = 2, 3, \cdots$ 的频率称为第一谐频,第二谐频……,但基频较其他谐频强得多,因此它决定弦的频率,相当于乐器的基调。而各次谐频则决定它的音色。基频相同的各种振动体,其各谐频的能量分布可以不同,所以音色不同。这就是各种乐器音色不同的原因。

本实验的内容是,通过测量驻波的频率 f 和波长 λ,由式(8)求得弦振动横波的传播速度 v,并与式(7)的理论值进行比较,求测量值与理论值的误差。

【实验步骤】

(1)根据图2装置,在砝码盘上放置140 g砝码,沿弦线方向移动劈形支座C,使BC距离为1 m左右。

(2)接通电源,调节交流信号源输出幅度到最大,从小到大调节交流信号源的输出频

率,使弦线上产生稳定、清晰的驻波。记录波腹数 $n = 1,2,3,4$ 相对应的频率数值,以及相应的劈形支座 BC 间的距离 l。

（3）由式（6）和式（8）计算波长 λ 和波速 v,并求波速的平均值。

（4）由式（7）计算波速的理论值,并与测量值做比较,求测量误差。

【数据及处理】

表 1   弦线的驻波测量 $\rho = 5.4 \times 10^{-4} \mathrm{kg} \cdot \mathrm{m}^{-3}$

弦线长度 l/m	波腹数 n/个	频率 f /s^{-1}	波长 $\left(\lambda = \dfrac{2l}{n}\right)$ /m	波速 $(v = \lambda f)$ /(m·s^{-1})	砝码质量 m/($\times 10^{-3}$kg)	波速 $\left(v = \sqrt{\dfrac{mg}{\rho}}\right)$ /(m·s^{-1})
	1					
	2					
	3					
	4					

波速平均值:

$$\overline{V} = \sum_{i=1}^{4} \frac{V_i}{4}$$

测量值与理论值的误差:

$$\Delta V = \overline{V} - V_{理}$$

实验十六　　超声声速的测定

【预习提示】

本实验根据波的频率 f 和波长 λ 的基本关系式 $v = f\lambda$ 测量波速。用压电效应产生超声波。在工业上超声波用于无损探伤,军事上用于水中探物、深海测距,意义重大。本实验的学习重点是:

(1)了解超声波的产生、发射和接收方法。

(2)掌握用驻波法和相位法测波长的方法。

【实验目的】

(1)了解压电换能器的功能。

(2)用驻波法和相位法测量声波在空气中的传播速度。

【仪器用具】

超声声速测定仪、示波器。

【实验原理】

声波是在弹性媒质中传播的一种机械波,媒质的振动方向与传播方向一致,所以声波是纵波。振动频率在 20 Hz ~ 20 kHz 的声波能被人们的听觉所感受,频率超过 20 kHz 的声波称为超声波。通常是用一种陶瓷片具有的压电效应来产生超声波,这种陶瓷片称超声波换能器,详见本实验附录。

声波的波长 λ、频率 f 和传播速度 v 是声波的主要参数,它们的关系为

$$v = f\lambda \tag{1}$$

测出声波的波长和频率,就可求得声速。声波频率可通过用频率计测量声源的振动频率直接得出。波长的测量方法有两种:一是驻波法,二是相位法。

1. 驻波法

当一个声源发射面发出一束频率一定的平面声波,到达一个声波接收器时,若发射面与接收面严格平行,入射波将在接收面上垂直反射。特别是在接收器与发射源之间的距离 L 为声波半波长的整数倍时,入射波与反射波相干涉,形成驻波。在反射面处为波节,声压的波腹达到极大值,移动接收器可以找到一系列声压极大值的位置。显然,在移动接收器的过程中,相邻两次达到声压极大值时接收器所处位置之间的距离 ΔL 即为半波长 $\dfrac{\lambda}{2}$,由此求得声波的波长 λ,即 $\lambda = 2\Delta L$。

2. 相位法

波是振动状态的传播,实质是相位的传播。入射波在接收器处的相位是 φ_1,反射波的相位是 φ_2,两个波的相位差($\Delta\varphi = \varphi_1 - \varphi_2$)是随接收器的位置而改变的。可以通过示波器观察发射波和反射波叠加得到的李萨如图形来了解相位差 $\Delta\varphi$ 的变化情况。具体操作是将入射波输入到示波器 x 轴插孔,反射波输入到 y 轴插孔,于是,在示波器的荧屏上将得到由这两个互相垂直的谐振动合成所产生的李萨如图形。随着发射源与接收器之间距离的变化,这两个波的相位差 $\Delta\varphi$ 随之变化,李萨如图形将做如图 1 所示的变化。相邻两次出现斜率完全相同的直线图形时(即 $\Delta\varphi = 2\pi$),接收器相应位置间的距离 ΔL 即为声波的波长 λ,即 $\lambda = \Delta L$。

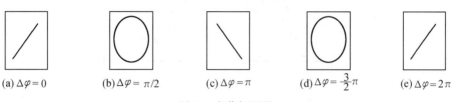

(a) $\Delta\varphi = 0$　　(b) $\Delta\varphi = \pi/2$　　(c) $\Delta\varphi = \pi$　　(d) $\Delta\varphi = \dfrac{3}{2}\pi$　　(e) $\Delta\varphi = 2\pi$

图 1　李萨如图形

【实验步骤】

1. 驻波法

(1) 按图 2 连接电路,检查无误后通电开机。

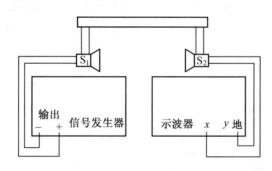

图 2　用驻波法测定超声声速实验电路

(2) 确定换能器的谐振频率。使换能器在最大效率的状态下进行能量转换的频率称换能器的谐振频率。确定谐振频率的方法如下:

① 调节接收器与发射源之间的距离 L 为 $1 \sim 2$ cm。

② 缓慢调节信号发生器的频率,使示波器所显示信号振幅最大。

③ 微动换能器的位置,使示波器所显示信号振幅最大。

④ 反复微调信号发生器的频率和换能器的位置,直至示波器所显示的信号振幅最大为止。这时信号发生器的频率即为换能器的谐振频率。记录在表 1 中。

(3) 测定超声波的波长 λ。由近及远地移动接收器的位置,依次观测示波器所显示的信号,当出现第 $1, 2, \cdots, 12$ 次极大值时,接收器的位置为 $L_1, L_2, \cdots, L_{12}$(由电子显示屏上读出),并记录在表 1 中。

注意:① 在初次移动接收器之前先将电子计位器显示清零。

② 当接收器与发射源距离增大时,示波器显示的信号幅度会变小,要适当减少示波器的 x 轴衰减,使荧屏上的信号幅度增大。

（4）用逐差法求相邻两次信号极大值时接收器距离的平均值 $\overline{\Delta L}$，并求得平均波长为 $\lambda = 2\,\overline{\Delta L}$。

（5）由式（1）计算超声波在空气中的传播速度。

2. 相位法

（1）按图 3 连接电路。

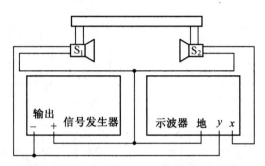

图 3　用相位法测定超声声速实验电路

（2）由近及远地移动接收器,依次记下示波器屏上第 $1,2,\cdots,12$ 次出现相同斜率的直线图形时接收器的相应位置 $L_1,L_2,\cdots,L_{12}$（由电子显示屏上读出）,并记录在表 2 中。

（3）用逐差法求相邻两次出现相同斜率的直线图形时接收器距离的平均值 $\overline{\Delta L}$，并求得平均波长为 λ。

（4）由式（1）计算超声波在空气中的传播速度。

【数据及处理】

（1）驻波法测量声速（表 1）。

表 1　驻波法测量声速　　　　　　　　　　　　　　　　　　　　　　mm

测次 i	1	2	3	4	5	6	7	8	9	10	11	12
L_i												
$\Delta L_i = L_{i+6} - L_i$	$L_7 - L_1$		$L_8 - L_2$		$L_9 - L_3$		$L_{10} - L_4$		$L_{11} - L_5$		$L_{12} - L_6$	
$\Delta(\Delta L_i) =$ $\Delta L_i - 6\,\overline{\Delta L}$												
$\overline{\Delta L} =$ $\dfrac{1}{6 \times 6}\sum\limits_{i=1}^{6}\Delta L_i$						$\Delta(\overline{\Delta L}) =$ $\dfrac{1}{6 \times 6}\sum\limits_{i=1}^{6}\lvert\Delta(\Delta L_i)\rvert$						

信号频率:　　　　　　　　　$f =$ 　　　　　（Hz）

波长:

$$\lambda = 2\,\overline{\Delta L}$$

$$\Delta\lambda = 2\,\overline{\Delta(\Delta L)}$$

声速：

$$v = \lambda f$$
$$\Delta v = f\Delta\lambda$$
$$E = \frac{\Delta v}{v} \times 100\%$$

测量结果：

$$v = v \pm \Delta v$$
$$E = \quad \%$$

（2）相位法测量声速（表2）。

表2　相位法测量声速　　　　　　　　　　　　　　　　mm

测次 i	1	2	3	4	5	6	7	8	9	10	11	12
L_i												
$\Delta L_i = L_{i+6} - L_i$	$L_7 - L_1$		$L_8 - L_2$		$L_9 - L_3$		$L_{10} - L_4$		$L_{11} - L_5$		$L_{12} - L_6$	
$\Delta(\Delta L_i) =$ $\Delta L_i - 6\,\overline{\Delta L}$												
$\overline{\Delta L} =$ $\dfrac{1}{6 \times 6}\displaystyle\sum_{i=1}^{6}\Delta L_i$					$\overline{\Delta(\Delta L)} =$ $\dfrac{1}{6 \times 6}\displaystyle\sum_{i=1}^{6}\left|\Delta(\Delta L_i)\right|$						

信号频率：　　　　　　　　　　$f = \quad$ Hz

波长：

$$\lambda = \overline{\Delta L}$$
$$\Delta\lambda = \overline{\Delta(\Delta L)}$$

声速：

$$v = \lambda f$$
$$\Delta v = f\Delta\lambda$$
$$E = \frac{\Delta v}{v} \times 100\%$$

测量结果：

$$v = v \pm \Delta v$$
$$E = \quad \%$$

【附录】 压电陶瓷超声换能器简介

压电陶瓷超声换能器是发生和接收超声波的器件。它由一种具有多晶体结构的压电材料如钛酸钡，在一定温度下经加电极化处理而制成。它的主要物理特性就是压电效应。这种压电材料受到与极化方向一致的应力 T 作用时，在极化方向上产生一定的电场强度 E，并呈简单的线性关系（$E = gT$）。反之，当在压电材料的极化方向上加电压 U 时，会产生一定的伸缩形变 S，也呈简单的线性关系（$S = bU$）。比例系数 g 和 b 称为压电常数，与材料的性质有关。

由于 E 和 T，S 和 U 之间具有简单的线性关系，因此，能将正弦电信号变成压电材料纵向长度的伸缩，压缩周围的空气，而成为声波的波源；反过来，也可以将声压变化转变为电压的变化，即用压电陶瓷片作为音频信号的接收器。

换能器就是在压电陶瓷片的前后表面贴合两块金属组成的夹心型振子。头部用轻金属做成喇叭形，尾部用重金属做成锥形，中部为压电陶瓷圆环。这种结构能增大辐射面积，增强振子与介质的耦合作用。由于振子是以纵向长度的伸缩直接带动头部轻金属做纵向长度伸缩，而重金属部分振动较小，因此发射的声波方向性强、平面性好。实验时用一个换能器作为发射器，另一个作为接收器。

实验十七　　用模拟法测绘静电场

【预习提示】

研究静电场很难用直接实验方法来进行。本实验用一对同心圆形电极产生的稳恒电流场来模拟一个同轴电缆产生的静电场。用测量稳恒电流场的电位分布来模拟测绘静电场的电势分布。本实验的学习重点是：

(1) 了解模拟的概念和应用模拟法的条件。

(2) 掌握测定稳恒电流场电位分布的方法，从而测绘静电场的电势分布。

【实验目的】

(1) 用模拟法测绘同轴电缆的静电场。

(2) 加深对电场强度和电位概念的理解。

【仪器用具】

双层式静电场测绘仪、稳压电源。

【实验原理】

要确定一个带电体周围的电场分布情况是极其困难的。因为探测仪表或探测电极放入被测电场，会产生感应电荷，使原有电场发生改变。所以对静电场的测绘常采用一种间接的方法 —— 模拟法，即仿造一个场 —— 模拟场，使它与原有的电场具有完全相似的分布；而在探测模拟场分布时，探极的影响很小。这是应用模拟法必须满足的两个条件。模拟法常用于示波器、电子显微镜等内部电极形状的研制工作中。

静电场与稳恒电流场是两种不同的物理现象。但它们在一定条件下遵从同一形式的数学规律，并具有相似的空间分布。所以用稳恒电流场模拟静电场是可行的。具体做法是，首先设计一对模拟电极，相当于静电场中的带电导体，正电极相当于带正电，负电极相当于带负电。将这对电极置入盛有导电液的水槽中，导电液的电导率 σ 相当于静电场中介质的介电常数 ε。当电极接上模拟电压时，导电液中将产生电流，而每点的电流密度 j 与该点的电场强度 E 成正比，且方向相同，即

$$j = \sigma E \tag{1}$$

在这种模拟的情况下，静电场中的电感应强度 D 对应稳恒电流场中的电流密度 j；静电场中的电场强度 E 对应稳恒电流场中的电场强度 E。由此可见，电流线和静电场产生的电力线具有相同的分布。然而，直接测量电流线也很困难，但可先测绘出导电液内的等电位 V 线簇（根据等电位点绘成），利用电流线与等电位线正交的性质便可绘制出相应的

电流线簇。于是,所绘出的电流线和等电位线就是静电场所产生的电力线和等电势线。

本实验测绘一个带电长同轴圆柱形电缆的静电场。如图 1 所示,假设在真空中有一半径为 r_a 的长圆柱形导体 A 和一个内径为 r_b 的长圆筒形导体 B,它们同轴放置,分别带等量异号电荷。这就相当于一个长同轴圆柱形电缆。由高斯定理可知,在垂直于轴线的任一截面 S 内,都有均匀的辐射状电力线,这是一个与坐标 Z 无关的二维场,在二维场中电场强度 E 平行于 xy 平面,其等电势面 V 为一组同轴圆柱面,因此,只需要研究任一垂直于横截面 S 的电场分布即可。

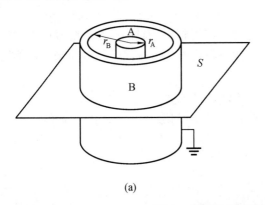

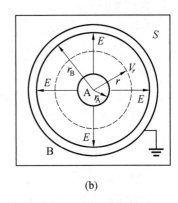

(a)   (b)

图 1　模拟长同轴圆柱形电缆

在长圆柱与长圆筒之间加电压 V_a,如图 2 所示,根据电学理论计算,在距轴心 O 半径为 r 处[见图 1(b)]各点电势 V_r 为

$$V_r = V_a \frac{\ln \dfrac{r_B}{r}}{\ln \dfrac{r_B}{r_A}} \tag{2}$$

所以,距中心 r 处电场强度 E_r 为

$$E_r = -\frac{dV_r}{dr} = \frac{V_a}{\ln \dfrac{r_B}{r_A}} \cdot \frac{1}{r} \tag{3}$$

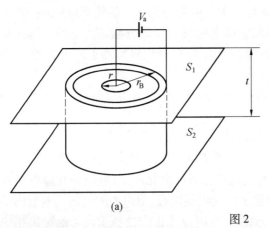

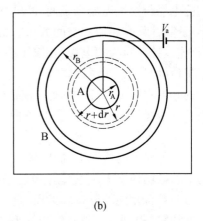

(a)   (b)

图 2

上述长同轴圆柱形电缆的静电场分布可以用一个导电水槽来模拟,如图2(b)所示。槽内设置一对电极 A 和电极 B,与图1(b) 的导体 A 和导体 B 完全对称,并将模拟电极 A 和 B 分别连接交流电源的正负极。A 接正(高电位),B 接负(低电位),则在 A、B 间将形成径向电流,建立起一个稳恒电流场。于是在 A、B 之间的电流线即为同轴电缆的电力线,A、B 之间的等电位线即为同轴电缆的等电势线。

【实验步骤】

(1)了解双层式静电场测绘仪的装置,如图 3 所示。该架采用双层式结构,上层放置一张记录纸,下层放置导电水槽。在槽内注入自来水,高约 3 cm,在导电水槽和记录纸上各有一探针,通过金属探针臂把两探针固定在同一手柄座上,两探针始终保持在同铅垂线上,移动手柄时,可保证两探针的运动轨迹是一样的。

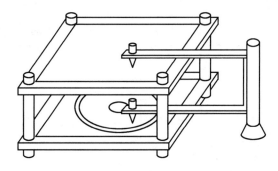

图 3　双层式静电场测绘仪

(2)图 4 的上方是稳压电源,输出电压连续可调;下方是水槽,电极 A、B 和探针。按图 4 连接线路。打开电源开关,将转换开关拨向"内",(电压输出)调节电压至 $V_a = 10.00$ V,在实验过程中,始终保持输出电压不变。

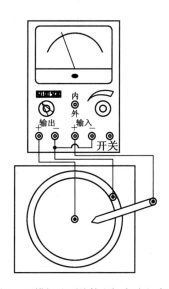

图 4　用模拟法测绘静电场实验电路

（3）将转换开关拨向"外"，即探测电压。移动探针，分别测出 $U = 5.00$ V、2.00 V、1.00 V 三条等电位线，每条等电位线应探测记录 12 个以上的测试点。

（4）测量结束立即清理水槽，并测量电极 A 的外直径 d_A 和电极 B 的内直径 d_B。

（5）在记录纸上画出等电位线和电流线（即电力线），并分别测量各等位圆的直径 d_r。

（6）由式（2）和式（3）计算模拟电极中各等位圆处的电场强度 E_r，记录于表 1 中。

【注意事项】

（1）导电水槽用有机玻璃焊接，强度弱，要轻拿轻放，避免损坏。
（2）记录探针测试点要轻压探针，并同时用笔尖做出记号。

【数据及处理】

表 1　$V_a = 10.00$ V，$d_A = 1.60$ cm，$d_B = 8.60$ cm

次数	1	2	3
探测电压 U/V			
$d_r/(\times 10^{-2}$ m$)$			
$E_r/(\text{V} \cdot \text{m}^{-1})$			

计算距中心 r 处电场强度 E_r：

$$E_1 = \frac{V_a}{\ln \dfrac{d_B}{d_A}} \cdot \frac{2}{d_1} =$$

$$E_2 = \frac{V_a}{\ln \dfrac{d_B}{d_A}} \cdot \frac{2}{d_2} =$$

$$E_3 = \frac{V_a}{\ln \dfrac{d_B}{d_A}} \cdot \frac{2}{d_3} =$$

实验十八　　霍尔效应法测螺线管的磁感应强度

【预习提示】

磁感应强度是磁学最基本的物理量。测量磁场的方法有多种,霍尔效应法是目前应用最为广泛的方法。该方法设备简单,操作容易,适用于弱磁场和非均匀磁场的测量,准确度可达 10^{-2} 量级。本实验的学习重点是:

(1)了解长磁螺线管的磁场分布。

(2)掌握用霍尔效应测磁场的方法,注意公式中各量使用的单位。

【实验目的】

(1)了解霍尔效应的应用。

(2)测量螺线管的磁感应强度。

【仪器用具】

螺线管磁场实验仪、霍尔效应测试仪。

【实验原理】

绕在圆柱面上的螺线形线圈紧密并排组成一个长直螺线管,单位长度内的线圈匝数为 N,当通过磁化电流 I_M 后,螺线管轴线上的磁场分布如图1所示。螺线管内部的磁场在很大范围内是近似均匀的,仅在靠近两端口处磁感强度才下降。

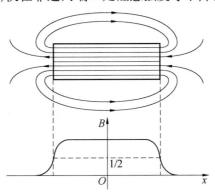

图1　螺线管轴线上的磁场分布

根据电磁理论计算,长直螺线管内部磁感应强度 B 为

$$B = \mu_0 N I_M \tag{1}$$

式中　　μ_0——真空磁导率，$\mu_0 = 4\pi \times 10^{-7}\,\text{N} \cdot \text{A}^2$；

　　　　B——磁感应强度，T(特斯拉)，$1\,\text{T} = 1\,\text{N} \cdot \text{A}^{-1} \cdot \text{m}^{-1}$，目前在实用中还习惯用高斯（Gs）表示，$1\,\text{T} = 10^4\,\text{Gs}$，或 $1\,\text{Gs} = 10^{-4}\text{T}$。

长直螺线管两端口的磁感应强度为内腔中部磁感应强度的一半。

本实验用霍尔效应测量螺线管的磁感应强度 B。霍尔效应的基本公式为

$$V_\text{H} = R_\text{H}\frac{I_\text{S}B}{d} \tag{2}$$

式中　　V_H——霍尔电压；

　　　　R_H——霍尔系数；

　　　　I_S——霍尔电流；

　　　　d——霍尔元件的厚度。

对于成品的霍尔元件，R_H 和 d 为已知，因此实用中式(2) 常以如下形式出现：

$$V_\text{H} = K_\text{H}I_S B \tag{3}$$

式中　　K_H——比例系数，$K_\text{H} = \dfrac{R_\text{H}}{d}$，称为霍尔元件灵敏度（其值由制造厂家给出），它表示

　　　　该器件在单位霍尔电流和单位磁感应强度下输出的霍尔电压。

式(3) 中 I_S 的单位取为 mA，B 的单位为 kGs，则 K_H 的单位为 $\text{mV} \cdot \text{A}^{-1} \cdot \text{Gs}^{-1}$。根据式(3)，只要测出霍尔电压 V_H 就可求得磁感应强度 B，即

$$B = \frac{V_\text{H}}{K_\text{H}I_\text{S}} \tag{4}$$

【实验步骤】

（1）螺线管磁场实验装置由实验仪(图2)和测试仪(图3)两部分组成。在图2中，霍尔元件置于螺线管之内，由管内"探杆"与管外的"调节支架 Y"相连，支架 Y 可做纵向上下调节，支架 Y 又与刻有标度的调节支架 X_2 和 X_1 相连，支架 X_2 和支架 X_1 可做轴向左右调节。因此霍尔元件在管内的位置均可由支架 X_2 和 X_1 的游标卡尺读出。霍尔元件的电路由"四线扁平线"引出连接在三个双刀双掷换向开关上，并有明显标示："I_S 输入""I_M 输入"和"V_H 输出"，分别表示霍尔电流 I_S 输入、磁化电流 I_M 输入和霍尔电压 V_H 输出。在图3 中有明显标示："I_S 输出""I_M 输出"和"V_H 输入"，提供两种直流电流（I_S 和 I_M）给霍尔元件，并接收和显示霍尔电压 V_H。其中，I_S 和 I_M 均可通过旋钮调节输出电流的大小值。

按图示连接测试仪和实验仪之间相对应的 I_S、I_M 和 V_H 三组连线。控制 I_S 和 I_M 方向的换向开关投向上方为正值，反之为负值。注意：图中虚线部分以及样品各电极和磁化线圈等部件的引线与对应的双刀开关接触点的连线已由厂家连接好。必须强调指出，切不可将测试仪的励磁电源"I_M 输出"误接到实验仪的"I_S 输入"或"V_H 输出"处，否则一旦通电，霍尔元件即遭损坏。

（2）以螺线管中心轴为 x 轴，相距螺线管两端口等远的中心位置为坐标原点（$x = 0$），霍尔元件探头离中心位置的坐标为

$$x = 14 - x_1 - x_2$$

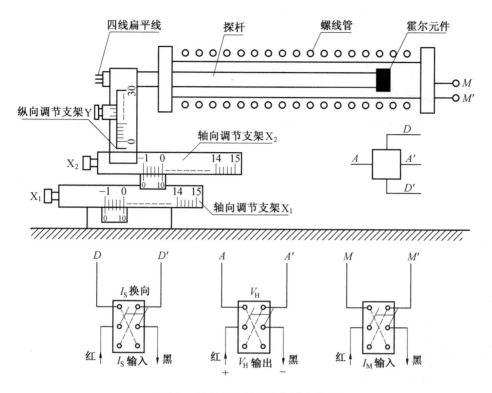

图 2　螺线管磁场实验装置实验仪

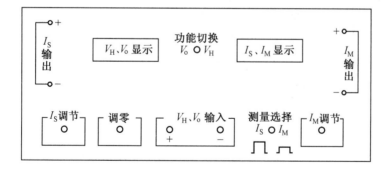

图 3　螺线管磁场实验装置测试仪

（螺线管的总长度为 28 cm，式中"14"表示坐标 0 点在管中央）

调节霍尔元件探杆支架的旋钮 X_1 和 X_2，使测量尺读数 $X_1 = X_2 = 0.0$ cm。

先调节 X_1 旋钮，保持 $X_2 = 0.0$ cm，使 X_1 停留在 0.0 cm、0.5 cm、1.0 cm、2.0 cm、5.0 cm、8.0 cm、11.0 cm、14.0 cm 读数处，测出各相应位置的 V_1、V_2、V_3、V_4，记入表 1 中，然后保持 $X_1 = 14.0$ cm，调节 X_2 旋钮，使 X_2 停留在 3.0 cm、6.0 cm、9.0 cm、12.0 cm、12.5 cm、13.0 cm、13.5 cm、14.0 cm 读数处，测出各相应位置的 V_1、V_2、V_3、V_4 值，记入表 1 中，按下式求霍尔电压平均值 V_H：

$$V_H = \frac{V_1 - V_2 + V_3 - V_4}{4}$$

（3）由式（4）计算磁感应强度 B。

（4）由式（1）计算螺线管内部磁感应强度 B 的理论值,与实验测量的 B 值（取螺线管内部中间的 10 个测量值的平均值）做比较,求出相对误差。

【数据及处理】

表1 $I_S = 8.00 \text{ mA}$, $I_M = 0.800 \text{ A}$, $K_H =$ $\text{mV} \cdot \text{A}^{-1} \cdot \text{Gs}^{-1}$, $N = 10^2 \text{ m}^{-1}$

X_1 /cm	X_2 /cm	X /cm	V_1 /mV	V_2 /mV	V_3 /mV	V_4 /mV	V_H /mV	B /kGs
			$+I_S$、$+B$	$+I_S$、$-B$	$-I_S$、$-B$	$-I_S$、$+B$		
0.0	0.0							
0.5	0.0							
1.0	0.0							
2.0	0.0							
5.0	0.0							
8.0	0.0							
11.0	0.0							
14.0	0.0							
14.0	3.0							
14.0	6.0							
14.0	9.0							
14.0	12.0							
14.0	12.5							
14.0	13.0							
14.0	13.5							
14.0	14.0							

测量结果:取螺线管内部中间的 10 个测量值的平均值作为实验测量值,即

$$B = \frac{1}{10} \sum_{i=1}^{10} B_i$$

螺线管内部磁感应强度的理论值为

$$B_{理} = \mu_0 N I_M$$

实验测量值与理论值之差为

$$B - B_{理} =$$

实验十九   电子束在电场中的聚焦和偏转

【预习提示】

电子束在真空电磁场中的运动规律是研制示波管、显像管和电子显微镜等精密仪器的理论基础。本实验仅涉及电子束在电场中的聚焦和偏转。本实验的学习重点是：

（1）了解电子束在电场中聚焦和偏转的原理。

（2）掌握测定聚焦电压比和磁偏转灵敏度的方法。

【实验目的】

（1）了解示波管的结构和各电极的作用。

（2）测定示波管的聚焦电压比和磁偏转灵敏度。

【仪器用具】

电子束实验仪。

【实验原理】

1. 示波管的结构

如图 1 所示，示波管主要由电子枪、偏转板（电极）及荧光屏三部分组成。电子枪包括加热灯丝 F、阴极 K、栅极 G、聚焦电极 A_1 及加速电极 A_2。偏转电极有两组：一组为垂直偏转板 V_1、V_2，另一组为水平偏转板 H_1、H_2。荧光屏 B 内表面涂有荧光物质，当其受到电子束轰击时发光使屏上出现亮斑。

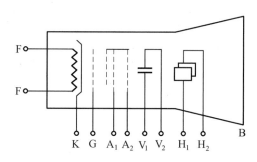

图 1   示波管的基本结构

各电极的作用如下：

① 灯丝 F：通电流后加热阴极，加 6.3 V 电压。

② 阴极 K：圆筒状，外表面涂有稀土金属，被加热后发射自由电子。

③栅极 G:加负电压;在 -35 ~ -45 V 之间,可控制电子束电流强度。当负电压增大到一定值时,可使电子束截止,此时栅极电压称截止电压。

④第二阳极 A_2:圆筒结构,施加电压1 000 V 以上,形成纵向高压电场,使电子加速向屏运动。

⑤第一阳极 A_1:圆盘结构,介于第二阳极的圆筒与底盘之间。其作用相当于电子透镜,施加数百伏的适当电压,能使电子束恰好在荧光屏上聚焦,也称聚焦电极。

⑥垂直偏转板: V_1 和 V_2 为上下平行的两块金属板,在极板上施加适当电压后构成垂直方向的横向电场,使电子束向上、向下偏转运动。

⑦水平偏转板: H_1 和 H_2 为左右平行的两块金属板,在极板上施加适当电压后构成水平方向的横向电场,使电子束向左、向右偏转运动。

2. 电子束在静电场中的聚焦

电子束通过栅极 G 时,由于栅极电压和第一阳极电压构成一定的空间电位分布,使电子束在栅极附近形成第一个叉点,如图 2 所示。在加速电极 A_2 的作用下,电子束将再次发散变粗,为了能在屏上得到小而亮的光点,必须使发散变粗的电子束在荧光屏处呈会聚状态。可在加速电极的圆筒与底盘之间置入聚焦电极 A_1 并加以适当电压 V_{A1} 和 V_{A2} ($V_{A2} > V_{A1}$),使电子束在荧光屏上会聚。图 2 中显示了电子束从阴极 K 通过两个特定的电场分布空间形成一束会聚电子流作用在荧光屏上。这两个特定的电场称为聚焦电场,俗称电子透镜。上述这个过程称为电子聚焦。于是,在聚焦电极和加速电极之间就形成两个"电子透镜"。当电子束在屏上聚焦时,加速电压 V_{A2} 与聚焦电压 V_{A1} 之比称为示波管的聚焦电压比 K:

$$K = \frac{V_{A2}}{V_{A1}} \tag{1}$$

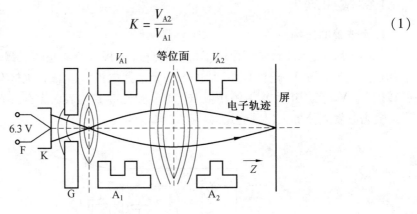

图2　电子束在静电场中的聚焦

3. 电子束在静电场中的偏转

电子在电场中要受到电场力的作用(库仑力)。如果电子的运动方向和电场力方向垂直,电子将被偏转,如图 3 所示。设电子在加速电压 V_{A1} 的作用下沿 x 方向加速进入垂直偏转板,当偏转板加偏转电压 V_y 时,电子将受到偏转电场 E(y 轴方向)的作用,其运动轨迹发生偏转,到达荧光屏时,偏转的距离为 D,显然, D 与 V_y 成正比,即

$$D = V_y \delta_{电} \tag{2}$$

式中, $\delta_{电}$ 为示波管的电偏转灵敏度,理论计算证明, $\delta_{电}$ 与加速电压 V_{A2} 有关。因为 V_{A2} 大,

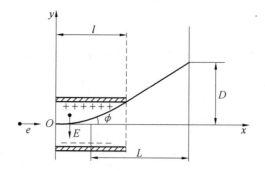

图 3　电子束在静电场中的偏转

电子速度快,经过偏转板的时间短,偏转量小,所以偏转灵敏度 $\delta_电$ 会减少。

【实验步骤】

1. 测定聚焦电压比 K

(1) 打开实验箱,将实验仪下方的励磁电流开关置于"关"。此时仪器处于电聚焦状态。

(2) 接通电源,调节"栅压" V_G 使光斑亮度适中,调节"零点调节"的"x"和"y"使光斑位于刻度中心。

(3) 调节加速电压 V_{A2} 为 1 000 V(表 1 中第一列之值)。

(4) 调节聚焦电压 V_{A1} 使光斑聚焦,测量并记录 V_{A1} 值。

(5) 依次使 V_{A2} 为表 1 中 1 100 V、1 200 V、1 300 V,重复步骤(4),记录对应的 V_{A1} 值。

(6) 由式(1)计算聚焦电压比 K 值,并求平均值。

2. 测定电偏转灵敏度 $\delta_电$

(1) 垂直偏转。

① 接通电源。将"偏转电压切换"置"Y 偏转"。调节"零点调节"的"x"和"y"使光斑位于刻度中心。

② 调节"加速电压"依次使 V_{A2} 为表 2 中所列各值,并调节"聚焦电压"使光斑聚焦。在每个 V_{A2} 值下调节"Y 偏转",使光点垂直偏转量 D 依次为表 2 中所列之值,并记下相应的偏转电压 V_y 之值。

③ 由式(2)计算垂直电偏转灵敏度 $\delta_{电y}$。

(2) 水平偏转。

① 接通电源,将"偏转电压切换"置"X 偏转"。调节"零点调节"的"x"和"y"使光斑位于刻度中心。

② 调节"加速电压"依次使 V_{A2} 为表 3 中所列各值,并调节"聚焦电压"使光斑聚焦。在每个 V_{A2} 值下调节"X 偏转",使光斑水平偏转量 D 依次为表 3 中所列之值,并记下相应的偏转电压 V_x 之值。

③ 由式(2)计算水平电偏转灵敏度 $\delta_{电x}$。

【注意事项】

在以上调节 V_G、V_{A2}、V_{A1} 之前,应先将"电压切换"旋钮分别置于 V_G、V_{A2}、V_{A1} 位置。

【数据及处理】

(1) 电子束在静电场中的聚焦(表 1)。

表 1　测定聚焦电压比 K

加速极电压 V_{A2}/V	1 000	1 100	1 200	1 300
聚焦极电压 V_{A1}/V				
$K_i = V_{A2}/V_{A1}$				

平均值:

$$\overline{K} = \frac{1}{4}\sum_{i=1}^{4} K_i$$

标准误差:

$$\Delta K = \sqrt{\frac{\sum_{i=1}^{4}(K_i - \overline{K})^2}{4-1}}$$

$$E = \frac{\Delta K}{K} \times 100\%$$

测量结果:

$$K = \overline{K} \pm \Delta K$$
$$E = \quad \%$$

(2) 电子束在静电场中的偏转(表 2、表 3)。

表 2　测定垂直电偏转灵敏度 $\delta_{电y}$

加速极电压 V_{A2}/V	垂直偏转量 D/mm	−20	−10	0	10	20	平均值
1 000	V_y/V						—
	$\delta_{电y} = D/V_y$ (mm/V)						
1 100	V_y/V						—
	$\delta_{电y} = D/V_y$ (mm/V)						
1 200	V_y/V						—
	$\delta_{电y} = D/V_y$ (mm/V)						

表3　测定水平电偏转灵敏度 $\delta_{\text{电}x}$

加速极电压 V_{A2}/V	水平偏转量 D/mm	-20	-10	0	10	20	平均值
1 000	V_x/V						—
	$\delta_{\text{电}x} = D/V_x$ （mm/V）						
1 100	V_x/V						—
	$\delta_{\text{电}x} = D/V_x$ （mm/V）						
1 200	V_x/V						—
	$\delta_{\text{电}x} = D/V_x$ （mm/V）						

实验二十　音频信号光纤传输技术

【预习提示】

光纤作为新的传输介质在通信领域已得到广泛应用。本实验通过一个简单的光纤传输系统,介绍光信号发送、传输、接收的原理。本实验的学习重点是:

(1)了解光纤传输系统的基本结构和原理。

(2)了解光纤的构造及其特点。

【实验目的】

(1)测定光纤传输系统静态电光／光电传输特性。

(2)测定光纤传输系统的频响特性。

【仪器用具】

音频信号光纤传输实验仪、信号发生器、双踪示波器。

【实验原理】

如图1所示,光纤传输系统由三部分组成:光信号发送端,传送光信号的光纤,光信号接收端。光信号发送端的功能是将待传输的电信号由电光转换器件转换为光信号。电光转换器件有半导体发光二极管和半导体激光管两种,本实验用半导体发光二极管。光纤的功能是将发送端光信号以尽可能小的衰减和失真传送到光信号接收端。光信号接收端的功能是将光信号由光电转换器件还原为相应的电信号。光电转换器件有半导体光电二极管和雪崩光电二极管。本实验用半导体光电二极管。

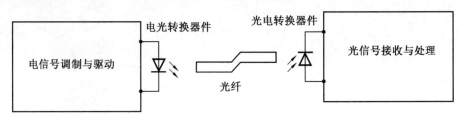

图1　光纤传输系统

1. 光信号发送端的工作原理

图2是光信号发送端的工作原理图,发送端的核心部件是半导体发光二极管 LED。发光二极管的发光强度与流过 LED 的驱动电流成正比。流过 LED 的驱动电流包含两部分:一部分由“光发送强度”电位器调节的静态驱动电流,调节范围为 $0 \sim 20$ mA,对应面

板"光发送强度显示"值为$0 \sim 2\,000$单位（即改变发光管驱动电流$1\,\text{mA}$，相当于光发送强度变化100个单位）；另一部分由"音频接口1"输入，经电容、电阻电路及运算放大器跟随电路耦合到另一运算放大器的输入端，与静态驱动电流叠加组成一个调制电路，使发光二极管发送随音频信号变化的光信号，如图3所示。光信号经光纤耦合器输入光纤。

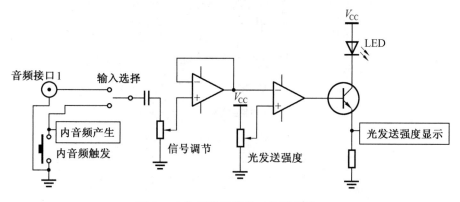

图2　光信号发送端的工作原理图

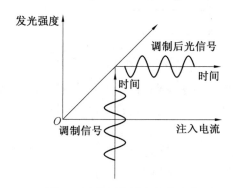

图3　随音频信号变化的光信号

2. 光信号接收端的工作原理

图4是光信号接收端的工作原理图。传输光纤将光信号耦合到光电二极管PHOTO。光电二极管产生与光信号成正比的电流信号，输入到运算放大器转换成电压信号。电压信号中包含被传输的同频信号经电容电阻耦合到音频功率放大器，驱动喇叭发声。

3. 传输光纤的工作原理

目前用于光通信的光纤一般是石英光纤，如图5所示，它是由折射率n_2较大的纤芯和折射率n_1较小的包层两部分组成。光在纤芯和包层的界面上发生全反射而被限制在纤芯内传播。因此用光纤来传输光能损失极小。光纤的芯径一般为$5 \sim 50\ \mu\text{m}$。包层的直径一般为$125\ \mu\text{m}$。包层的外面涂敷一层很薄的涂敷层以增强光纤的机械强度。由于光纤具有通信容量大、损耗低、可弯曲、结构简单等特点，目前广泛应用于通信行业。

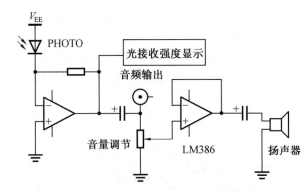

图 4　光信号接收端的工作原理图

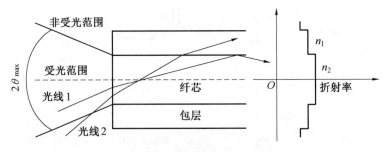

图 5　石英光纤

　　石英光纤的主要技术指标有衰减特性、数值孔径和色散。数值孔径描述光纤与光源、探测器耦合时的特性,它反映光纤收集光的能力。如图 5 所示,在立体角 $2\theta_{max}$ 范围内入射到光纤端面的光线在光纤内部界面产生全反射而得以传播,在此范围外入射的光线不能产生全反射即被衰减掉。一般光纤的数值孔径对应的角度为 9° ~ 33°。光纤的损耗衰减主要由于材料对光的吸收、纤芯折射率不均匀引起的散射以及输入与输出端的耦合损耗等因素所致。光纤的色散主要是由于光纤材料的折射率随不同光波长变化而引起,它直接影响传输信号的带宽。

【实验步骤】

1. 测定光纤传输系统静态电光 / 光电传输特性

　　分别打开光发送端电源和光接收端电源。面板上两个数字表头分别显示发送光强度和接收光强度。调节发送光强度电位器,每隔 200 单位(相当于改变发光管驱动电流 2 mA) 分别记录发送光强度和接收光强度数据,在坐标纸上绘制静态电光 / 光电传输特性曲线(以发送光强度为横坐标,接收光强度为纵坐标)。

2. 测定光纤传输系统频响特性

　　光纤传输光信号是要受信号频率限制的,即存在一个低频和一个高频的截止频率。保持输入信号的幅度不变,调节输入信号的频率,测量输出信号幅度随频率的关系称频响特性。

　　将输入选择开关打向"外",在音频接口 1 输入信号发生器一个正弦波。将双踪示波器的通道 1 和通道 2 分别接入正弦信号和音频信号输出端,保持输入信号的幅度不变,调节信号发生器频率,通过示波器观察信号频率变化时输出端信号幅度的变化,分别测定系统的低频和高频截止频率。

3. 音频信号光纤传输实验

将输入选择打向"内",按下内音频信号触发按钮,可听到预先录制的音乐声。调节发送光强度电位器,改变发送端 LED 的静态偏置电流,考察当 LED 的静态偏置电流小于多少时,音频传输信号产生明显失真。说明 LED 静态偏置电流是如何影响信号传输质量的。

【数据及处理】

(1) 测定光纤传输系统静态电光／光电传输特性(表 1、图 6)。

表 1　电光／光电传输特性

发送光强度						
接收光强度						

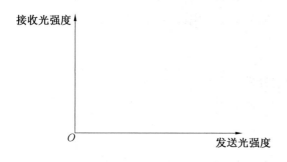

图 6　静态电光／光电传输特性

(2) 测定光纤传输系统频响特性。

高频截止频率:

$$f_\text{高} = \qquad \text{Hz}$$

低频截止频率:

$$f_\text{低} = \qquad \text{Hz}$$

实验二十一　　信号的频谱分析

【预习提示】

任何一个信号都可分解为多个不同频率、不同振幅的简谐波的线性叠加。信号频谱分析实质上是把一个任意波形的电信号用各种频率简谐波的振幅分布来表示。本实验是用示波器来观察一个矩形脉冲信号分解为多个不同频率的余弦波,通常称为一次谐波、三次谐波、五次谐波等(偶次数的振幅为0)。也可以把多次谐波合成为一个矩形波。本实验的学习重点是:

(1) 了解傅里叶级数是频谱分析的数学基础,了解公式中各变量的物理意义。

(2) 了解矩形波如何分解多次谐波以及它们的合成。

【实验目的】

(1) 了解信号频谱分析的基本概念和原理。

(2) 测绘矩形脉冲的频谱图。

【仪器用具】

信号波形分析仪、双踪示波器。

【实验原理】

一个电信号的特性可以由它随时间变化的情况来表征,也可以由它所包含的频率分量,即频谱分布情况来表征。因此,电信号的测量分为时域测量和频域测量。时域测量就是用示波器测量电信号的幅度对时间的函数曲线,即测出示波图。频域测量是用频谱分析仪测量电信号各频率分量的幅度对频率的函数曲线,即测出频谱图。时域测量和频域测量是相互关联的。在数学形式上,它们是用傅里叶级数相互联系和转换的。时域测量和频域测量从不同的角度对电信号进行分析研究,它们各有优缺点。比如研究大幅度脉冲信号,用时域法观察波形图,信息清楚。但对小信号,波形不易观察,用频域分析法观察频图谱,信息清楚。

1. 周期信号频谱分析的数学基础

任何一个以 T 为周期的函数 $f(t) = f(t + nT)$ 都可以展开为傅里叶级数,即

$$f(t) = \frac{a_0}{2} + \sum_{n=1}^{\infty} (a_n \cos n\omega_0 t + b_n \sin n\omega_0 t) \tag{1}$$

式中　　ω_0——原信号的角频率,$\omega_0 = \frac{2\pi}{T}$,$T$ 是原信号的周期;

n——谐波次数,只取正整数,$n = 1,2,\cdots$。

其他参数由下式决定:

$$\frac{a_0}{2} = \frac{1}{T}\int_{-\frac{T}{2}}^{\frac{T}{2}}f(t)\,\mathrm{d}t \tag{2}$$

$$a_n = \frac{2}{T}\int_{-\frac{T}{2}}^{\frac{T}{2}}f(t)\cos n\omega_0 t\,\mathrm{d}t \tag{3}$$

$$b_n = \frac{2}{T}\int_{-\frac{T}{2}}^{\frac{T}{2}}f(t)\sin n\omega_0 t\,\mathrm{d}t \tag{4}$$

以上各式的物理意义分析如下:式(2)说明$\frac{a_0}{2}$是函数$f(t)$在一个周期内的平均值,因此,$\frac{a_0}{2}$代表信号的直流分量。式(3)和式(4)表示一系列简谐振动的振幅。如:a_1表示$n = 1$即频率为ω_0的余弦振动的振幅,a_2表示$n = 2$即频率为$2\omega_0$的余弦振动的振幅,a_3,a_4,$\cdots$可类推频率为$3\omega_0$,$4\omega_0$,$\cdots$的余弦振动的振幅。类似地,b_1表示$n = 1$即频率为ω_0的正弦振动的振幅,余可类推。由式(1)表示的傅里叶级数可知,任何复杂的周期信号都可以分解为一个直流分量与数个不同频率的正弦分量和余弦分量(统称为简谐分量)之和。而且这些简谐分量的频率都是由原信号频率ω_0整数倍的无限多个简单的简谐信号合成的。这一系列正弦波和余弦波统称为谐波。其中$n = 1$的简谐分量,其频率刚好等于原信号的频率ω_0,称为基波,其他谐波称为高次谐波,如二次谐波($n = 2$)、三次谐波($n = 3$)……。直流分量以及基波、高次谐波的集合称为信号$f(t)$的频谱。

由输入信号$f(t)$通过傅里叶级数求频谱的方法称为频谱分析法。

2. 周期性矩形脉冲信号的频谱

设周期为T,脉冲宽度为$\tau = \dfrac{T}{2}$,脉冲高度为U_m的矩形脉冲在一个周期内的表示式为

$$f(t) = \begin{cases} U_\mathrm{m} & \left(-\dfrac{\tau}{2} < t < \dfrac{\tau}{2}\right) \\ 0 & \left(-\tau < t < -\dfrac{\tau}{2}, \dfrac{\tau}{2} < t < \tau\right) \end{cases} \tag{5}$$

利用式(2)~(4),经过运算得到

$$\begin{cases} \dfrac{a_0}{2} = U_\mathrm{m}\dfrac{\tau}{T} = \dfrac{U_\mathrm{m}}{2} \\ a_n = \dfrac{2U_\mathrm{m}}{n\pi}\sin n\dfrac{\pi}{2} \\ b_n = 0 \end{cases} \tag{6}$$

则式(5)中函数$f(t)$的傅里叶级数为

$$f(t) = \frac{U_\mathrm{m}}{2} + \frac{2U_\mathrm{m}}{\pi}\cos\omega_0 t - \frac{2U_\mathrm{m}}{3\pi}\cos 3\omega_0 t + \frac{2U_\mathrm{m}}{5\pi}\cos 5\omega_0 t - \frac{2U_\mathrm{m}}{7\pi}\cos 7\omega_0 t + \cdots \tag{7}$$

通过时域测量,用示波器可以显示$T = 2\tau$的周期矩形脉冲的时域波形图,如图1所示。

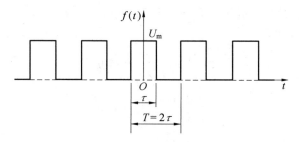

图1　$T = 2\tau$ 的周期矩形脉冲的时域波形图

通过上述对周期函数 $f(t)$ 的傅里叶级数展开,可以获得 $T = 2\tau$ 周期矩形脉冲的频域频谱图,如图2所示。

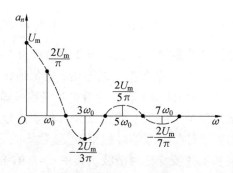

图2　$T = 2\tau$ 的周期矩形脉冲的频域频谱图

在频谱图中,每根垂线都代表频谱中的一个分量,它们依其谐波次数的顺序排列,线的横坐标即为相应分量的频率(角频率),线的长度表示该分量的振幅 a_n,线的方向(正、负)表示相位,这样的线称为谱线。因此,频谱图描述了信号频谱中的振幅和相位对频率的关系。

式(7)和频谱图2表示 $T = 2\tau$ 周期矩形脉冲的频谱分量分别为

直流分量:

$$\frac{U_m}{2}$$

一次谐波(基波):

$$\frac{2U_m}{\pi}\cos \omega_0 t$$

三次谐波:

$$-\frac{2U_m}{3\pi}\cos 3\omega_0 t$$

五次谐波:

$$\frac{2U_m}{5\pi}\cos 5\omega_0 t$$

七次谐波:

$$-\frac{2U_m}{7\pi}\cos 7\omega_0 t$$

这一谐波中没有偶次谐波分量,且基波和多次谐波的相位依次交换正负号,振幅 a_n 则随谐波次数 n 成反比地衰减。

为了理解时域波形图与频域频谱图中谐波分量之间的关系,图3和图4分别示出了周期性矩形脉冲分解为多次谐波以及多次谐波叠加合成为矩形脉冲的示意图。

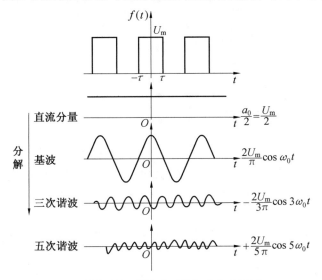

图 3　周期性矩形脉冲可分解为多次谐波

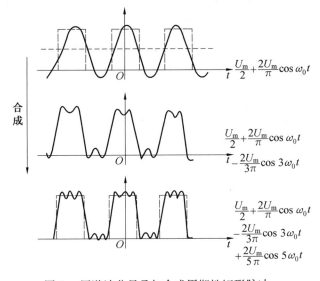

图 4　用谐波分量叠加合成周期性矩形脉冲

【实验步骤】

1. 对周期信号进行傅里叶分解

信号分解与合成实验装置结构框图如图 5 所示。50 Hz 函数信号发生器可输出正弦波、方波、矩形波、三角波等周期信号。图中LPF为低通滤波器,可分解出非正弦周期函数的直流分量(DC),BPF1 ～ BPF6 为调谐在基波和各次谐波上的有源带通滤波器,可以分别输出多次谐波的频率和幅值。加法器用于信号的合成。

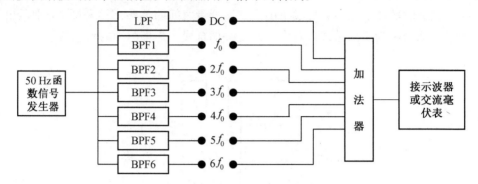

图5　信号分解与合成实验装置结构框图

（1）将 50 Hz 函数信号发生器输出矩形波接至信号分解与合成模块的输入端。

（2）将 LPF、BPF1 ～ BPF6 各带通滤波器的输出分别接至示波器,观测各次谐波的频率和幅值,并列表记录。

（3）根据测量得到的数据,在同一坐标纸上绘制矩形波及其分解后所得的基波和各次谐波的波形,画出其频谱图。

2. 谐波的合成

（1）将 50 Hz 矩形波的基波和小于 5 次的谐波分量,分别接至加法器相应的输入端,用示波器观察加法器的输出波形,并记录。

（2）将步骤（1）所得矩形波的基波、三次谐波、五次谐波及三者合成的波形一同绘制在同一坐标纸上,与上面的合成波形进行比较。

【数据及处理】

（1）矩形波的分解（表1）。

表1　矩形波的分解

	波形	频率 /Hz	电压 /mV
矩形波			
直流分量(LPF)			
一次谐波(BPF1)			
三次谐波(BPF3)			
五次谐波(BPF5)			

（2）谐波的合成。

记录用示波器观察加法器输出的波形。

实验二十二　　半导体制冷实验

【预习提示】

常见的制冷机(如电冰箱)是通过工作物质逆向热力学循环,先将制冷剂压缩或使高温高压气体通过散热器冷凝散热成中温高压液体,经节流膨胀,最后蒸发吸热而制冷,蒸发后的低温气体再次被压缩,循环以上过程就把热量不断从低温物体传送至高温物体。半导体制冷是另一种类型,它通过半导体材料的电流产生珀尔帖效应而制冷。本实验研究一个小型的半导体制冷系统的特性。本实验的学习重点是:

(1) 了解珀尔帖效应的意义和物理解释。

(2) 了解半导体制冷系统的结构及其特性的测量方法。

【实验目的】

(1) 了解半导体制冷原理。

(2) 测试半导体制冷系统特性。

【仪器用具】

半导体制冷实验仪。

【实验原理】

1. 珀尔帖效应

1834 年法国科学家珀尔帖在铜丝的两头各接一根铋丝,再将两根铋丝分别接到直流电源的正负极上,如图 1 所示。通电后,发现一个接头变热,另一个接头变冷。这说明两种不同材料组成的电路在有直流电通过时,两个接头处分别发生吸热和放热现象。这种热电制冷和制热现象,称为珀尔帖效应。

实验证明,珀尔帖效应产生的热流量 Q_p 由下式决定:

$$Q_p = aTI \tag{1}$$

式中　　a—— 温差电动势率;

　　　　T—— 冷节点处温度;

　　　　I—— 流经导体的工作电流。

对珀尔帖效应的物理解释是:电流是电子在导体中的定向运动。由于电子在不同导体材料中(即不同原子中)处于不同的能级,当它从较高能级向低能级运动时,释放多余的能量,产生放热效应;相反,从较低能级向高能级运动时,要从外界吸收能量,产生制冷效应。

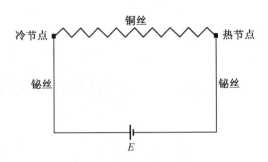

图 1　珀尔帖效应示意图

2. 半导体制冷原理

半导体材料有 N 型和 P 型,N 型材料有多余的电子,P 型材料电子不足,存在带正电荷的空穴。半导体制冷的基本元件是由 N 型和 P 型半导体用金属铜连接而成的电偶,如图 2 所示。上端的铜连接片为冷端 T_c,下端的铜连接片为热端 T_h。直流电压加在下端的两个铜连接片上。在外电场的作用下,电流从正极进入 N,又从 N 进入 P,回到负极,构成闭合回路。金属和 N 型半导体中的载体是电子,P 型半导体中的载流子是空穴。空穴的运动方向与电流同向,电子的运动方向与电流反向。电子在金属中的能量低于在 N 型半导体中的能量。当电子从上端铜片流入 N 型臂时,需要吸收能量,所以在节点处产生吸热效应,温度下降,当电子从 N 型臂流入下端铜片时,要放出能量,产生放热效应,温度升高。P 型臂中空穴与电子运动方向相反,当空穴从 P 型臂中流到下端铜片与铜片的自由电子相遇时,电子与空穴发生复合,释放能量,节点处产生放热效应,P 型臂与上端铜片节点处,电子与空穴相离,需要吸收能量,产生吸热效应,因此在图 2 中,上端铜片为冷端,下端铜片为热端。但改变电流方向,则可获得相反的效应。

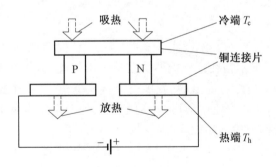

图 2　半导体制冷原理示意图

3. 半导体制冷片

实用上是用多组 PN 结组成半导体制冷片,如图 3 所示。用铜板将一系列 N 型半导体和 P 型半导体连接成一个回路,并用陶瓷封装制成,侧面引出两条导线,加上电压后,当电流由 N 型半导体流向 P 型半导体时,上端是制冷区,如果电流方向相反,上端冷热作用互易。

4. 半导体制冷、制热系统

冷、热端温差对半导体制冷的效率有很大的影响。通过强化热端散热方法能使半导体制冷效果更好。只有将制冷片热端的热量持续不断地散发出去,才能使冷端保持良好的制冷效果,并保持在一个相对的恒温状态。另外,半导体制冷片本身也有一定的正常工作温度,若热端温度超过一定值,就会烧毁制冷片。因此实用的半导体制冷系统必须在热端特别增设散热装置,强化热端的散热效果,使热端的温度下降,并增大冷热两端的温差。图4为半导体制冷制热系统的结构图。在图4中,2为半导体制冷片,其结构与图3相同。在此基础上,冷端增加一个传热铝板1,热端增加一个散热铜板3和一组散热铜片4以及风扇5,目的都是为了加强热端的散热效果。6为PID智能温度调节器,其作用是控制并测量温度和输入电压、电流。

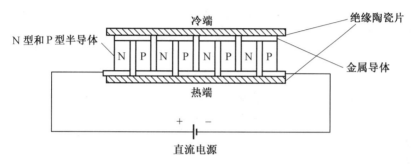

图3　半导体制冷片结构图

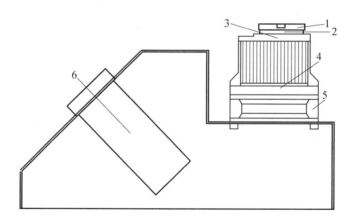

图4　半导体制冷片做热泵构成制冷制热系统实验结构图
1— 传热铝板;2— 半导体制冷片;3— 散热铜板;4— 散热铜片;5— 风扇;
6—PID 智能温度调节器

　　半导体制冷应用成功的关键是散热。但半导体自身有电阻热效应。输入电流太小,制冷片的制冷功率不够;输入电流太大,热量增加,制冷效果反而不好。所以要达到理想的制冷效果,还要选择合适的输入电压、电流。本实验研究半导体制冷制热系统的特性,就是测量制冷温度 T_c、制热温度 T_h 以及两者之差 ΔT 与输入电压 U 的关系,求出 $T_c - U$、$T_h - U$、$\Delta T - U$ 特性曲线,从曲线中获得最佳的制冷效果。

【实验步骤】

　　(1)调整半导体制冷实验仪,将制冷片工作方式切换到"热泵"。将制冷片输入电压极性切换到"正",此时半导体制冷片处于制冷状态。将直流数字电压表电压显示切换到

"输入电压",并根据输入电压大小通过按键选择合适的量程(20 V)。最后打开电源开关。

(2)调节制冷片输入电压的"电压调节"旋钮,改变电压大小,当输入电压为一定值时,经过一段时间制冷,半导体制冷系统稳定在某一制冷状态。

(3)记录输入电压为 1 V,2 V,…,14 V 时输入电流大小和方向。将 PID 智能温度调节器功能选择"控温",测量并记录制冷片上表面冷端温度 T_c;选择"测温",测量并记录下表面热端温度 T_h。

(4)根据测量数据,用作图法求半导体制冷系统 T_c – U、T_h – U、ΔT – U 特性曲线,研究半导体制冷与输入电压关系,找出冷端温度最低输入电压和最大温差电压。

【数据及处理】

半导体制冷系统特性测试记录表见表1。

表 1 半导体制冷系统特性测试记录表

输入电压 U/V	1.00	2.00	3.00	4.00	…	12.00	13.00	14.00
输入电流 I/A								
冷端温度 T_c/℃								
热端温度 T_h/℃								
温差 ΔT/℃								

测量结果:

冷端温度最低电压

$$U_c = \qquad V$$

最大温差电压

$$U_{\Delta T} = \qquad V$$

第 二 章

综合性物理实验

第一节　热效应实验仪

热效应实验仪包括热机和热泵。当作为热机时,来自热端的热量被用来做功,从而有电流流过负载电阻,由此可以得到热机的实际效率和理论最大效率。当作为热泵时,将热量从冷端传到热端,从而可以得到热泵实际性能系数和理论最大系数。

热效应实验仪基本元件是被称为珀尔帖器件的热电转换器。为了模拟热学教材中具有无限大热池和无限大冷池的理论热机,珀尔帖器件的一端通过向冷池加冰保持低端温度不变,而另一端利用加热器电阻保持热端温度稳定。

1. 历史背景

把热能转换为电能的所谓电热效应的发展已有一个半世纪的历史。这是与温度梯度的存在有关的现象,其中重要的是温差电现象。但是,由于金属的温差电动势很小,只是在用作测量温度的温差电偶方面得到了应用。半导体出现后,发现它能得到比金属大得多的温差电动势,在热能与电能的转换上,可以有较高的效率。因此,在温差发电、温差制冷方面获得了发展。

1821 年,德国物理学家塞贝克发现不同金属的接触点被加热时,产生电流,这个现象被称为塞贝克效应,这就是热电偶的基础。

然后在 1834 年珀尔帖发现了塞贝克效应的逆效应,即当电流流过不同金属的接点时,有吸热和放热现象,取决于电流流入接点的方向。

现在,使用 PN 结实现塞贝效应,不同半导体器件的布局如图 1 所示。假设半导体器件左边的温度维持比右边的温度高。在器件左边的接点附近产生的空穴漂移穿过接点进入 P 区,而电子则漂移穿过接点进入 N 区;在器件右边的冷端,发生相同的过程,但是与热端比较,空穴与电子的漂移速度较慢,所以 N 区从热端(左边) 流向冷端(右边),即电流从冷端(右边) 流向热端(左边)。

2. 热机原理

热机利用热池和冷池之间的温差做功。通常假设热池和冷池的尺寸足够大以至于从池中吸收了多少热或者为池提供热量保持池的温度不变。热效应实验仪是利用加热电阻

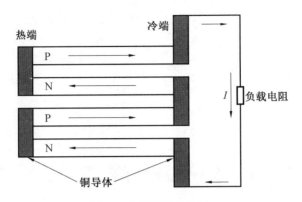

图 1　半导体器件布局

为热端提供热量和向冷端加冰吸取热量来保持热端、冷端的温度。

对于热效应实验仪,热机通过电流流过负载电阻来做功。最终所做的功转换为消耗在负载电阻上的热(焦耳加热)。

可以利用图 2 表示热机工作原理。根据能量守恒(热力学第一定律)得到

$$Q_H = W + Q_C \tag{1}$$

式中　　Q_H 和 Q_C——分别表示进入热机的热量和排入冷池的热量;

　　　　W——热机做的功。

热机的效率定义为

$$\eta = \frac{W}{Q_H} \tag{2}$$

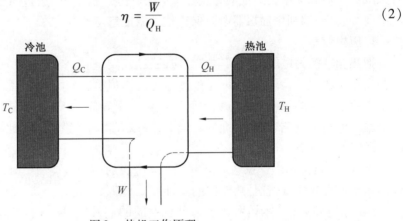

图 2　热机工作原理

如果所有的热量全部都转化为有用功,那么热机的效率等于 1,因此热机效率总是小于 1。

在实验中,习惯利用功率而不是能量来计算效率,对方程(1)求导得到

$$P_H = P_W + P_C \tag{3}$$

式中,$P_H = dQ_H/dt$ 和 $P_C = dQ_C/dt$ 分别表示单位时间进入热机的热量和排入冷池的热量;$P_W = dW/dt$ 表示单位时间做的功。热机效率可以写成

$$\eta = \frac{P_W}{P_H} \tag{4}$$

研究表明,热机的最大效率仅与热机工作的热池温度和冷池温度有关,而与热机的类型无关,卡诺效应可以表示如下:

$$\eta_{\text{Carnot}} = \frac{T_{\text{H}} - T_{\text{C}}}{T_{\text{H}}} \tag{5}$$

式中,温度单位是 K(开尔文温度)。式(5)表明只有当冷池温度为绝对零度时热机的最大效率为100%;对于给定温度,假设由于摩擦、热传导、热辐射和器件内阻焦耳加热等引起的能量损失可以省略不计时,热机做功效率最大,即卡诺效率。

3. 热泵原理

热泵是热机运行的逆过程。通常,热从高温流向低温处,但是热泵通过外界做功从冷池吸取热量泵浦到热池,正如冰箱从低温内部吸取热量泵浦到较热的房间或者在冬天里从较冷的室外吸取热量泵浦到较热的室内。

图3表示热泵的工作原理。与图2热机比较,流向箭头是反向的。根据能量守恒定律有

$$W + Q_{\text{C}} = Q_{\text{H}} \tag{6}$$

式(6)也可以以功率形式表示。对于热泵,需要定义一个性能系数(coefficient of performance,COP),COP定义为单位时间从冷池泵取的热量 P_{C} 与单位时间热泵所做的功 P_{W} 的比值,即有

$$K_{\text{cop}} = \frac{P_{\text{C}}}{P_{\text{W}}} \tag{7}$$

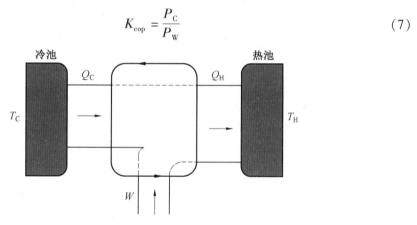

图3   热泵工作原理

尽管热机效率总是小于1,但 K_{cop} 总是大于1。正如与热机的最大效率一样,热泵的最大性能系数仅取决于热池和冷池的温度,即

$$K_{\text{max}} = \frac{T_{\text{C}}}{T_{\text{H}} - T_{\text{C}}} \tag{8}$$

如果考虑由于摩擦、热传导、热辐射和器件内阻焦耳加热等引起的能量损失,实际 K_{cop} 逼近最大性能系数 K_{max}。

4. 热效应实验仪器

图4为热效应实验仪,可以开设包括热机和热泵两类实验。利用本实验仪直接测量的物理量有温度、热池加热功率和负载电阻消耗的功率。

冷池和热池的温度通过温度传感器测量并以数字显示。通过改变加热功率或者微调加热功率保持热池在某个温度不变,利用安装在装置上的电压表和电流表分别测量加热器两端的电压 V_H 和流入电流 I_H,在图4中电压和电流大小以数字形式显示,那么可以得到加热功率 $P_H = V_H \times I_H$。通过测量在负载电阻上的电压降 V_W,负载电阻消耗的功率计算如下:

$$P_W = \frac{V_W^2}{R} \tag{9}$$

式中　R——负载电阻,容许电阻误差小于1%。

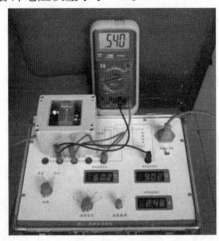

图4　热效应实验仪

热效应实验仪间接测量量有:(1) 珀尔帖元件的内阻;(2) 热传导和热辐射通过珀尔帖元件的热量;(3) 从冷池泵取的热量。

假设热效应实验仪运行时负载电阻为 R,等效电路如图5所示,根据电路回路定律得到

$$V_S - I_r - I_R = 0 \tag{10}$$

式中　I——流过负载电阻的电流,在热机模式实验中测量的量是负载电压降 V_W,电流

$$I = \frac{V_W}{R}。$$

如果没有负载,这时没有电流流过珀尔帖元件内阻,即在内阻上的电压降为零,测量电压刚好为 V_S,于是得到

$$V_S - \frac{V_W}{R}r - V_W = 0 \tag{11}$$

由式(11)得到珀尔帖元件内阻 $r = \frac{V_S - V_W}{V_W}R$。此外,可利用2个不同的负载电阻,通过测量负载电阻的电压,求联立方程得到内阻。

来自热池热量的一部分被热机用来做功,而另一部分热量通过热辐射和热传导旁路热机;不管珀尔帖元件是否连接负载和热机是否做功,这部分热量以相同的方式转换。当热机分别接负载和不接负载时,保持热池的温度不变,通过测量热池加热电源的电流和电

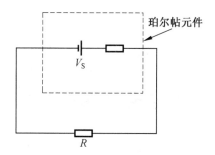

图 5　热效应实验装置热机等效电路

压,得到热池的加热功率。当热机不接负载时,由于热机没有做功,在热池保持平衡温度的条件下,通过热辐射和热传导旁路的热量等于对热池的加热热量。

　　当热效应实验仪以热泵方式运行时,由能量守恒定律得到单位时间从冷池泵取的热量等于单位时间输入热池的热量与单位时间做的功之差。单位时间所做的功可以直接测量,而单位时间输入热池的热量只能间接测量。以热泵方式运行时,热池的温度保持恒定,热池保持平衡状态,因此输入热池的热量等于通过热辐射和热传导的热量。这样保持热端温度不变,通过测量没有负载时需要输入热端的热量就可以确定热辐射和热传导的热量。

实验一　　卡诺效率和热效率测量

【实验目的】

（1）了解半导体热电效应原理和应用。

（2）测量热泵的实际效率和卡诺效率。

【实验器材】

热效应实验装置、循环泵、水浴桶、电压表、连接线、温度计。

【实验步骤】

热效应原理图如图 1 所示。

（1）连接好水循环的管子，并接好循环泵的电源，这时能听到水泵的工作声音和水的流动声音。

（2）连接 2.0 Ω 负载电阻并在负载电阻上并联一个电压表（注意负载电阻可以任意选择）。

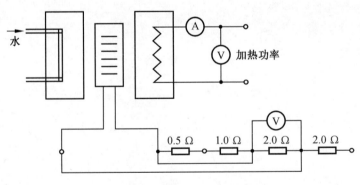

图 1　热效应原理图

（3）将"切换"开关切换到"热机"。

（4）把"温度选择"放在"1"，开通装置电源开关，使系统达到平衡，热端和冷端的温度保持平衡，这时加热电压和加热电流基本保持稳定，需要时间为 5 ~ 10 min。

（5）测量热端和冷端的温度，冷端的温度可以从温度计读出，热端的温度可以从装置中直接读出。

（6）在数据表格中分别记录加热电压、加热电流及负载电阻上的电压。

（7）"温度选择"依次放在"2""3""4""5"各点，待系统分别保持稳定，依次记录加热电压、加热电流和负载电阻上的电压。注意：温度选择"1""2""3""4""5"设定温度分别为 30 ℃ 、40 ℃ 、50 ℃ 、60 ℃ 、70 ℃ 。如有差异,通过调节"温度微调"使显示的温度偏离值不大于 ±0.1 ℃ 。

(8)把测量的数据记录在表 1 中。

【计算】

根据各个运行数据,计算加在电热丝上的功率 P_H 和负载电阻产生的功率 P_W ,记录在表 1 中,实际效率定义为

$$\varepsilon = \frac{P_W}{P_H} \tag{1}$$

卡诺效应定义为

$$\eta = \frac{T_H - T_C}{T_H} \tag{2}$$

式中,温度单位是 K(开尔文温度)。

表 1 是负载电阻为 2.0 Ω,在不同加热条件下对应的热端温度 T_H 、加热电压 V_H 和加热电流 I_H 、负载两端电压 V_W 、卡诺效应和实际效率。

用公式 $T = 273.15 + \theta$,将摄氏温度 θ 换算成热力学温度 T 。

表 1　实际效率、卡诺效率测量

加热挡位	冷端	热端				负载		实际效率	卡诺效率
	T_C /K	T_H /K	V_H /V	I_H /A	P_H /W	V_W /V	P_W /W	%	%
1									
2									
3									
4									
5									

* 根据不同季节的环境温度,可选择实验的加热挡位为 1 ~ 4 挡(30 ~ 60 ℃),或者为 2 ~ 5 挡(40 ~ 70 ℃)。

【分析和研究】

比较实际效率和卡诺效率并绘曲线图(卡诺效率与温度 ΔT 、实际效率与温度 ΔT)。

1. 请查阅"热学"教材,了解卡诺效率和实际效率概念;并比较两个效率的区别和大小。

2. 卡诺效率随温度的变化关系是什么?

3. 实际效率随温度的变化关系是什么?

实验二　　热机效率

【实验器材】

热效应实验装置、循环水泵、水浴桶、电压表、连接线、温度计。

【实验步骤】

为了获得热泵的数据,热效应实验装置需要在两种不同模式下进行实验,热机模式确定珀尔帖器件的实际效率;开路模式确定由于热传导和热辐射引起的热量损失。根据两种模式的数据,可计算珀尔帖器件的内电阻和卡诺效率。

热效应原理图如图 1 所示。

热机模式:

(1) 接好水循环的管子,并接通循环泵的电源,这时能听到水泵的工作声音和水的流动声。

(2) 连接 2.0 Ω 的负载电阻,并在负载电阻上并联一个电压表。

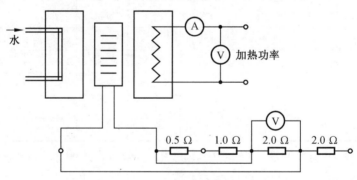

图 1　热效应原理图

(3) 将"切换"开关切换到"热机"。

(4) 把温度选择放在"4"(设定温度约为 60 ℃),开通装置电源开关,使系统达到平衡,热端和冷端的温度保持恒定。

(5) 测定热端和冷端的温度,冷端的温度可以用温度计测量水浴温度,热端温度可以从装置中直接读出。

(6) 记录加热电压、加热电流及负载电阻上的电压。

开路模式:

(7) 切断连接负载电阻上的导线,并把电压表直接接在珀尔帖器件的输出端上。此时,热端的加热电压和加热电流所做的功用于热传导和热辐射。

（8）当热端温度与热机模式中设定的温度相同时（如有差异请调节"温度微调"），因为相同的温差，热泵做的功也相同。同时，热传导在有负载和没有负载时传导的热量是相同的。

（9）记录加热电压和加热电流及电压表上的读数（表1）。

表1　在有负载和无负载下对应参数

	低温端	高温端			有负载	无负载
	T_C/K	T_H/K	V_H/V	I_H/A	V_W/V	V_s/V
有负载						
无负载						

【热泵效率计算】

实际效率：

$$\varepsilon = \frac{P_W}{P_H} \tag{1}$$

式中　　$P_W = \dfrac{V_W^2}{R}$；

　　　　$P_H = V_H \cdot I_H$。

最大效率：计算卡诺效率。

调整效率：除去损失的能量，使得调整后的实际效率接近卡诺效率。

首先，做功仅仅包括了消耗在负载电阻上的$\dfrac{V_W^2}{R}$，但有部分功率消耗在器件上，总的功率应该包括内部电阻消耗的功率$I^2 r$，r为器件内部电阻，是无用功。总的做功为$P'_W = P_W + I_W^2 r$，这里$I_W = \dfrac{V_W}{R}$。

其次，热量的输入必须调整，在热端上的热量分两个部分，一部分是实际有用的，用在热泵做功。然后，另一部分是热源热辐射和热源通过器件传导到冷端，通过热辐射和热传导这部分热量损失掉，不管器件有没有负载都是相同的。因此，这部分热量对器件做功是没有贡献的，在调整效率里，不应该包括在内，即有

$$P'_{H有效热} = P_H - P_{H开路} \tag{2}$$

式中　　P_H——热效应装置有负载时的输入功率；

　　　　$P_{H开路}$——器件无负载时的输入功率。

当然，P_H和$P_{H开路}$所得的条件是热、冷端温度分别相同且恒定。当没有负载时，$P_{H开路}$等于热辐射和热传导的热量损失。假设接负载和不接负载，热辐射和热传导的损失热量是相等的，则调整效率是

$$\varepsilon_{调整} = \frac{P'_W}{P'_H} = \frac{P_W + I_W^2 r}{P_H - P_{H开路}} \tag{3}$$

内电阻计算公式为

$$r = \left(\frac{V_{\mathrm{s}} - V_{\mathrm{w}}}{V_{\mathrm{w}}} \right) R$$

调整效率和卡诺效率之间的百分误差为

$$偏差 = \frac{\eta_{\max} - \varepsilon'_{调整}}{\eta_{\max}} \times 100\% \tag{4}$$

【分析和研究】

1. 随着热端和冷端的温差减少,最大效率是增大还是减少?

2. 通过计算发现热机的实际效率是非常低的,如何提高效率并用于实际生活中?

3. 计算系统熵的变化率,包括热源和冷源,由于源的温度保持不变,熵的变化率对每

一个源为: $\dfrac{\Delta s}{\Delta t} = \dfrac{\dfrac{\Delta Q}{\Delta t}}{T} = \dfrac{P}{T}$。总的熵的变化率是正的,还是负的,为什么?

实验三 热泵性能系数测量

注意:做此实验,须完成实验二热机效率,得到珀尔帖器件内电阻的参数。

【实验器材】

热效应实验装置、循环水泵、水浴桶、温度计、冰水。

【实验步骤】

热效应原理图如图1所示。

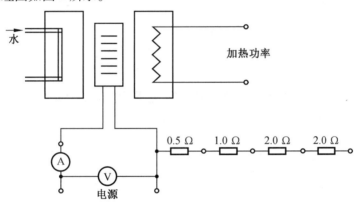

图1 热效应原理图

(1)连接好水循环的管子,并接通循环泵的电源,这时能听到水泵的工作声音和水的流动声。

(2)把"切换"开关切换到"热泵"。

(3)热泵设定的温度与实验二热机效率中设定的温度相同。

(4)当系统稳定时,分别记录珀尔帖器件上的加热电压 V_R 和加热电流 I_R。

(5)测定冷端温度,记录热端温度(表1)。

表1 实际效率、最大效率、调整效率和效率偏差

T_H/K	T_C/K	负载两端			$K_{实际}$	$K_{最大}$	$K_{调整}$	偏差
		V_R/V	I_R/A	P_R/W				

【效率计算】

(1)实际性能系数:

$$K_{实际} = \frac{P_C}{P_R} = \frac{P_{H开路} - P_R}{P_R}$$

（2）最大性能系数：

$$K_{最大} = \frac{T_C}{T_H - T_C}$$

（3）调整性能系数：部分功率是用在珀尔帖器件内阻上，因此需调整，I^2r 必须从输入珀尔帖器件的功率中扣除。

$$K_{调整} = \frac{P_{H开路} - P_R}{P_R - I^2r}$$

计算调整性能系数与最大性能系数的百分误差：

$$相对误差 = \frac{K_{最大} - K_{调整}}{K_{最大}} \times 100\%$$

【分析和研究】

1. 如果热端与冷端的温差减小，那么最大效率是增大还是减小？

2. 计算系统熵的变化率包括热源和冷源。由于源的温度保持不变，熵的变化率对每个源为：$\dfrac{\Delta s}{\Delta t} = \dfrac{\dfrac{\Delta Q}{\Delta t}}{T} = \dfrac{P}{T}$。总的熵变化率是正的，还是负的？为什么？

实验四　　热传导

【实验原理】

由于分子或原子不规则的热运动所构成的热传递过程称为热传导。在时间 t 内穿过面积为 A 的表面的热量为

$$Q = K\frac{\Delta T}{\Delta x}A \cdot t \tag{1}$$

式中　　K——热传导率；

ΔT——A 法线上相近的两点间的温度差，两点间的距离为 Δx，$\dfrac{\Delta T}{\Delta x}$ 称为温度梯度。

热传导等于在温度梯度为 1 时、在单位时间内通过单位横截面所传递的热量，单位为瓦特／(米·开)$[\mathrm{W} \cdot (\mathrm{m} \cdot \mathrm{K})^{-1}]$。

$$P_{功率} = \frac{时间}{热量} = \frac{K \cdot A \cdot \Delta T}{\Delta x} \tag{2}$$

对于一个热效应装置而言，珀尔帖器件有 126 对，而每一对有 2 个单元，这样总共有 252 个。各个单元的有效长度除以面积的比率为 1.32。所以总的 $\dfrac{x}{A} = \dfrac{1.32}{252} = 0.0524$。把这个数据用于实验二中开路模式去计算珀尔帖器件(图 1)的热传导率：

$$K = \frac{P_{\mathrm{H开路}}\left(\dfrac{x}{A}\right)}{\Delta T} \tag{3}$$

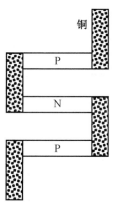

图 1　珀尔帖器件

【分析和研究】

1. 珀尔帖器件的热传导与铜材料热传导比较结果如何?
2. 利用式(3)计算 K 有无不当处?

实验五 负载最佳选择

【实验器材】

热效应实验装置、循环水泵、水浴桶、温度计、电压表。

【实验原理】

半导体珀尔帖制冷等效电路图如图1所示。

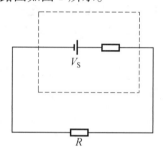

图1 半导体珀尔帖制冷等效电路图

在负载电阻 R 上输出功率为

$$P = I^2 R$$

式中 I—— 流过负载电阻的电流；

R—— 负载电阻。

$$I = \frac{V_S}{R + r}$$

式中 r—— 珀尔帖器件的内部电阻,通过选择合适的负载电阻,热泵有最大的输出功率。

$$P = \left(\frac{V_S}{R + r} \right)^2 R$$

$$\frac{dP}{dR} = \frac{V_S^2 (r - R)}{(R + r)} = 0 \Rightarrow R = r$$

所以,当负载电阻等于珀尔帖器件内部电阻时,负载电阻上得到的功率是最大的。

【实验内容】

（1）连接好水循环的管子,并接通循环泵的电源,这时能听到水泵的工作声音和水的流动声音。

（2）用短导线连接 0.5 Ω 的负载电阻（图2）,并在负载电阻两端并联一个电压表。

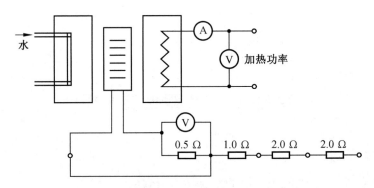

图 2　热效应原理图

（3）把"切换"开关切换到"热机"。

（4）温度选择放在"3"（设定温度约为 50 ℃，如有差异，可调节"温度微调"），开通装置电源，使系统达到平衡，热端和冷端温度保持恒定。

（5）测量冷端温度，记录加热电压（V_H）、加热电流（I_H）及负载电阻上的电压值（V_W），记录在表 1 中。

（6）保持热端温度恒定不变，改变负载电阻值。重复上述实验（注意在此过程中，热端温度有变化，可调节"温度微调"）。

（7）计算输入到热端的功率 $P_H = I_H V_H$，消耗在负载电阻的功率 $P_W = \dfrac{V_W^2}{R}$，计算效率 $e = \dfrac{P_W}{P_H}$。

表 1　热机数据和测量结果

R/Ω	T_C	T_H	V_H	I_H	V_W	P_H	P_W	e
0.5								
1.0								
1.5								
2.0								
2.5								
3.0								
3.5								
4.0								
4.5								
5.0								
5.5								

【分析和研究】

1. 选择何种阻值的负载电阻,输出的功率最大?

2. 通过实验的测量和计算,比较负载电阻和内阻,选择何种阻值的负载电阻效率最佳?

第二节　转动惯量测定仪(三线摆)

一、仪器概述

转动惯量是描述刚体转动中惯性大小的物理量,它与刚体的质量分布及转轴位置有关。正确测定物体的转动惯量,在工程技术中有着十分重要的意义。用三线摆测定刚体的转动惯量是高校理工科物理实验教学大纲中的一个重要基本实验。

为了使教学仪器和教学内容更好地反映现代科学技术,新仪器采用现代新发展的光电门计时器,结合多功能数字式智能毫秒仪,测定悬盘的扭转摆动周期,通过实验学生可掌握光电门的特性及在自动测量和自动控制中的作用,多功能数字式智能毫秒仪具有记忆功能,从悬盘扭转摆动开始直到设定的次数为止,均可查阅相应次数时所用的时间,特别适合实验者深入研究。仪器直观性强,测量准确度高。学生动手内容多,传感器、电源等均有保护装置,不易损坏。本仪器是传统实验采用现代化技术的典型实例,不仅保留了经典实验的内容和技能,而且增加了现代测量技术和方法,可以激发学生学习兴趣,提高教学效果。

二、仪器外形

转动惯量测定仪(三线摆) 如图 1 所示。

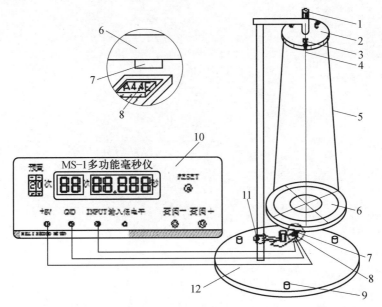

图 1　转动惯量测定仪(三线摆)

1— 启动盘锁紧旋钮;2— 启动盘;3— 摆线调节锁紧旋钮;4— 摆线调节旋钮; 5— 摆线;6— 悬盘;7— 磁钢(粘于悬盘下);8— 光电门计时仪;9— 仪器水平调节旋钮;10— 多功能毫秒仪;11— 传感器支架调节旋钮;12— 实验架底盘

三、用途

1. 学习用三线摆测定物体的转动惯量。
2. 验证转动惯量的平行轴定理。
3. 用本仪器所提供的光电门计时仪可用于单摆、气垫导轨等基础实验,也可用于测量发动机转速、产品计数、液位控制、角度测量等有关应用性实验。

四、实验原理

依照机械能守恒定律,若扭角足够小,悬盘的运动可看作简谐运动,结合有关几何关系得如下公式:

$$J_0 = \frac{M_0 g R r}{4\pi^2 H} \cdot T_0^2$$

(1)悬盘空载时绕中心轴做扭转摆动时的转动惯量。

(2)悬盘上放质量为 M_1 的物体,其质心落在中心轴,悬盘和 M_1 物体共同对于中心轴的总转动惯量为 J_{M1}。

质量为 M_1 的物体对中心轴的转动惯量为

$$J_1 = \frac{(M_0 + M_1) g R r}{4\pi^2 H} \cdot T_1^2$$

$$J_{M1} = J_1 - J_0$$

$$J_2 = \frac{(M_0 + 2M_2) g R r}{4\pi^2 H} \cdot T_2^2$$

(3)质量为 M_2 的刚体绕过质心轴线的转动惯量为 J,转轴平行移动距离 d 时,其绕新轴的转动惯量将变为 $J' = J + M_2 d^2$,将两个质量相同的圆柱体 M_2 对称地放置在悬盘的两边,并使其边缘与悬盘上同心圆刻槽线相切,如图2所示,若实验测得摆动周期为 T_2,则两圆柱体和悬盘对中心轴的总转动惯量为两个质量为 M_2 的圆柱体对中心轴的转动惯量 J_{M2}。

(4)由平行轴定理,可从理论上求得

$$J_{M2} = \frac{1}{2}(J_2 - J_0)$$

$$J'_{M2} = \frac{1}{2}M_2 r_{性}^2 + M_2 d^2$$

(5)比较实验数据与理论计算的结果。

(6)圆盘半径测量及验证平行轴定理示意图如图2和图3所示。

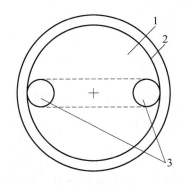

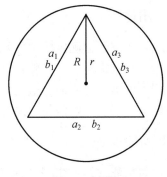

图 2　下圆盘　　　　　　　　图 3　上圆盘

1— 悬盘;2— 同心圆槽刻线;3— 圆柱体

【实验内容及方法】

1. 调节三线摆

（1）调上盘水平。

（2）调下悬盘水平。

2. 调节光电传感器和计时仪

调节光电传感器的位置,使其恰好在悬盘侧面 10 mm 左右。启动盘启动后须复原到起始位置。

3. 测量下悬盘的转动惯量 J_0

（1）测量上下圆盘悬点到盘中心的距离 r 及 R,用游标卡尺测量下悬盘的直径 D_1。

（2）用米尺测量上、下圆盘之间的距离 H。

（3）记录悬盘的质量 M_0。

（4）测量下悬盘摆动周期 T_0,轻轻旋转上圆盘,使下悬盘做扭转摆动（摆角小于 5°）,记录 20 次摆动的时间。

4. 测量悬盘加圆环的转动惯量 J_1。

（1）在下悬盘上放上圆环并使它的中心对准悬盘中心。

（2）测量悬盘加圆环的扭转摆动周期 T_1。

（3）用游标卡尺测量并记录圆环的内、外直径 $D_内$ 和 $D_外$。

5. 验证平行轴定理

（1）将两个相同的圆柱体按照下悬盘上的刻线对称地放在悬盘上,相距一定的距离 $2d = D_槽 - D_柱$。

（2）测量扭转摆动周期 T_2。

（3）测量圆柱体的直径 $D_柱$ 和悬盘上刻线直径 $D_槽$,圆柱体的总质量 $2M_2$。

【实验数据】

实验记录见表 1 ~ 3。

表 1 各周期的测定

测量项目	悬盘质量 $M_0 = 496.66$ g	圆环质量 $M_1 = 195.16$ g	2 圆柱体总质量 $2M_2 = 201.17$ g
摆动周期数 n	20	20	20
总时间 t/s 1	27.215	28.134	28.136
2	27.197	28.106	28.200
3	27.228	28.087	28.197
4	27.231	28.138	28.204
5	27.236	28.098	28.176
平均值 /s	27.221	28.113	28.183
平均周期	$T_0 = 1.3611$ s	$T_1 = 1.4056$ s	$T_2 = 1.4092$ s

表 2 上、下圆盘几何参数及其间距离 cm

测量项目	D_1	H	a	b	$R = \dfrac{\sqrt{3}}{3}\bar{a}$	$r = \dfrac{\sqrt{3}}{3}\bar{b}$
次数 1	14.880	46.45	12.51	6.65		
2	14.900	46.46	12.52	6.66	7.223	3.845
3	14.860	46.45	12.51	6.66		
平均值	14.880	46.45	12.51	6.66		

表 3 圆环、圆柱体几何参数 cm

测量项目	$D_内$	$D_外$	$D_柱$	$D_槽$	$2d = D_槽 - D_柱$
次数 1	11.304	11.954	2.538		
2	11.300	11.958	2.536	14.10	11.56
3	11.296	11.962	2.536		
平均值	11.300	11.958	2.537		

$$J_0 = \frac{gRr}{4\pi^2 H}M_0 T_0^2 = \frac{979.4 \times 7.223 \times 3.845}{4\pi^2 \times 46.45} \times 496.66 \times 1.3611^2$$

$$= 14.83 \times 496.66 \times 1.3611^2$$

$$= 1.365 \times 10^4 (\mathrm{g \cdot cm^2}) = 1.365 \times 10^{-3} (\mathrm{kg \cdot m^2})$$

$$J_1 = \frac{gRr}{4\pi^2 H}(M_0 + M_1) T_1^2 = 14.83 \times (496.66 + 195.16) \times 1.4056^2$$

$$= 2.027 \times 10^4 (\mathrm{g \cdot cm^2}) = 2.027 \times 10^{-3} (\mathrm{kg \cdot m^2})$$

（1）转动惯量实验值。

$$J_{M2} = \frac{1}{2}(J_2 - J_0) = 0.345 \times 10^4 \text{ g} \cdot \text{cm}^2 = 0.345 \times 10^{-3} \text{ kg} \cdot \text{m}^2$$

（2）转动惯量理论值。

$$J'_0 = \frac{1}{8}M_0 D_1^2 = \frac{1}{8} \times 496.66 \times 14.880^2$$

$$= 1.375 \times 10^4 (\text{g} \cdot \text{cm}^2) = 1.375 \times 10^{-3} (\text{kg} \cdot \text{m}^2)$$

$$J'_{M1} = \frac{1}{8}M_1(D_内^2 + D_外^2) = \frac{1}{8} \times 195.16(11.300^2 + 11.958^2)$$

$$= 0.6603 \times 10^4 (\text{g} \cdot \text{cm}^2) = 0.6603 \times 10^{-3} (\text{kg} \cdot \text{m}^2)$$

$$J'_{M2} = \frac{1}{8}M_2 D_柱^2 + M_2 d^2 = \frac{1}{8} \times \frac{201.17}{2} \times 2.537^2 + \frac{201.17}{2} \times \left(\frac{11.56}{2}\right)^2$$

$$= 0.3441 \times 10^4 (\text{g} \cdot \text{cm}^2) = 0.3441 \times 10^{-3} (\text{kg} \cdot \text{m}^2)$$

（3）实验值与理论值比较,百分差分别为

$$E_0 = \frac{|J_0 - J'_0|}{J'_0} \times 100\% = \frac{|1.365 - 1.375|}{1.375} \times 100\% = 0.7\%$$

$$E_1 = \frac{|J_{M1} - J'_{M1}|}{J'_{M1}} \times 100\% = \frac{|0.662 - 0.6603|}{0.6603} \times 100\% = 0.3\%$$

$$E_2 = \frac{|J_{M2} - J'_{M2}|}{J'_{M2}} \times 100\% = \frac{|0.345 - 0.3441|}{0.3441} \times 100\% = 0.3\%$$

【分析和研究】

1. 如何调整启动盘和悬盘的水平? 如何使悬盘往复摆动?

2. 如何测量上下圆盘的悬点到中心的距离 r 和 R?

3. 实验时,圆环应如何放置? 验证平行轴定理时两圆柱体应如何放置?

第三节　气垫导轨

一、概述

气垫导轨是利用气垫原理进行工作的,它利用微音气泵将压缩空气打入导轨的空腔里,再由导轨表面按一定规律分布的许多小孔中喷射出,在导轨平面与滑行器内表面之间形成一个薄空气层——气垫,滑行器被气垫托起来悬浮在导轨上面,滑行器在气轨表面运动过程中,只受到很小的空气黏滞阻力的影响,能量损失极小,故滑行器的运动可以近似地看作是无摩擦阻力的运动。气垫极大地减少了力学实验中由于摩擦力引起的误差,使实验结果基本上接近理论值,提高了实验精度,实验现象真实直观,实验效果明显,易为学生接受。

气垫导轨与计时器及微音气泵配套使用,可对各种力学物理量进行定量测定,对力学规律进行验证,是教师演示、学生分组实验的理想仪器。

二、气垫导轨设备参数

(1)导轨工作面。

轨道长度 1 200 mm。

(2)导轨纵向竖直平面内的直线度。

全长 ≤ 0.10 mm;

任意 400 mm 长度 ≤ ± 0.05 mm。

(3)导轨工作面的夹角为 90° ± 0.1°。

(4)导轨工作面的表面粗糙度 Ra 为 3.2。

(5)导轨脚距:QDG – 1 – 1.2 型为 600 mm。

(6)喷气孔孔径为 0.8 mm。

(7)导轨进气口的外径为 $\phi30$ mm。

(8)滑行器:长度为 121 mm,质量约为 155 g。

(9)滑行器浮高:在气体压强不小于 5.8 kPa,最大承载质量不小于 3 倍滑行器质量条件下,不小于 0.10 mm。

(10)工作环境温度为 0 ~ 40 ℃。

(11)相对湿度为不大于 90% RH。

(12)要求气源压强为不小于 5.8 kPa。

三、使用方法及注意事项

(1)气垫导轨的附件比较多,安装前必须认真阅读说明书及图 1,认识每个附件的用途及安装位置。

(2)气垫导轨的实验精度高,应选用稳固、平整的实验桌放置仪器,放置时先将调平架用两个螺钉紧固在导轨底部,安装滑轮的一端伸出桌面,便于实验,另一端通过波纹软

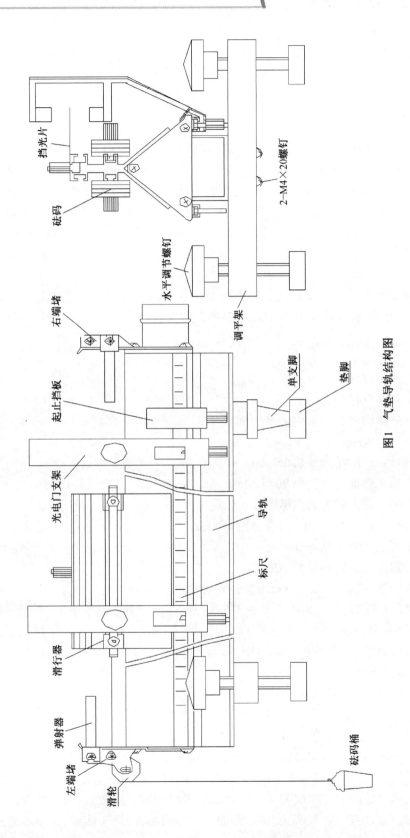

图1 气垫导轨结构图

挡光片

砝码

2-M4×20螺钉

水平调节螺钉

调平架

右端堵

起止挡板

光电门支架

导轨

标尺

单支脚

垫脚

滑行器

弹射器

左端堵

滑轮

砝码桶

管与气源相接。在导轨支脚下面垫上垫脚,垫脚的平面一侧贴在桌面上,垫脚和调平螺钉的尖端放凹槽中。

（3）滑轮安装在导轨前端的堵板上,使用前调整轴尖要适度,使滑轮转动灵活,并滴加少许钟表油,使之润滑。

（4）气源接通电源和导轨,使空气进入导轨的空腔里后用手指贴在导轨的工作面逐个检查气孔是否畅通,如果有被堵塞气孔,用$\phi 0.5$ mm 的钢丝针清除堵塞物,务必使每个气孔畅通。为避免实验受振动影响,气源应放在远离实验桌处。

（5）有些实验滑行器要重复地从同一位置开始运动,可用起始挡板定位。

（6）实验中,滑行器的滑行速度不宜过小和过大,速度以 50 cm/s 左右为宜。

（7）做弹性碰撞实验时用弹射器。做完全非弹性碰撞实验时,将附件中的搭扣分别安装在两个滑行器上,碰撞时两个滑行器滑行通过搭扣粘在一起运动。

（8）导轨和滑行器工作面的直线度精度较高,为此在搬运及安装使用中,严禁磕碰、受压和撞击,导轨在未通气前,严禁用滑行器沿轨面滑动摩擦,以防损伤工作面。

（9）每次实验后,要将导轨和滑行器的工作面用干净软布擦拭干净。导轨在存放时竖直挂起存放为佳,不要放置在潮湿或有腐蚀性气体的地方。

四、实验方法

1. 气垫导轨

气垫导轨是物理力学教学中教师和学生不可缺少的实验仪器。配套智能计时计数器、低噪声气泵,可以完成教材中所规定的很多力学实验。

下面根据教材的基本要求,列出几个实验。

（1）测定匀速直线运动的速度／验证牛顿第一定律;

（2）测定变速直线运动的平均速度和瞬时速度;

（3）测定匀变速直线运动的加速度;

（4）研究匀变速直线运动的路程和时间关系;

（5）测定重力加速度;

（6）验证牛顿第二定律;

（7）验证牛顿第三定律;

（8）验证动能定理;

（9）验证动量定理;

（10）验证动量守恒定律;

（11）验证机械能守恒定律;

（12）研究简谐振动的规律:

① 测定弹簧振子周期刚度系数 K 值;

② 验证简谐振动的周期 $T = 2\pi \sqrt{\dfrac{M}{K}}$;

③ 验证简谐振动的振幅与周期无关。

2. 导轨的调平

导轨调整水平是实验前的重要准备工作,要细致耐心地反复调整,可按下列两种方法中任一种方法调平导轨:

(1) 静态调平法。

导轨接通微音气泵,滑行器置在导轨某处,用手轻轻地把滑行器压在导轨上,再轻轻地放开,观察滑行器的运动状态。连续做几次,如果滑行器在导轨上静止不动,或稍有左右移动,则导轨是水平的;如滑行器都向同一方向运动,表明导轨不平。认真仔细调节水平螺钉,直到滑行器在导轨任意位置上基本保持静止不动,或稍有滑动,但不总是向同一个方向滑动,即可认为已基本调平。一般要在导轨上选取几个位置做这样的调节。

(2) 动态调平法。

将气轨与计时器配合进行调平,仪器接通电源,仪器功能选择在"间隔计时"挡上,两个光电门间距不小于 30 cm 卡装在导轨上,在导轨两端装上弹射器,滑行器装上挡光片(如1 cm一种),给气轨通气,让滑行器以一定的速度从导轨的左端向右端运动(或者滑行器在导轨以一定速度向右运动),先后通过两个光电门 G_1 和 G_2,计时器就分别记下滑行器上挡光片通过两个光电门的时间 Δt_1 和 Δt_2。

若 $\Delta t_1 > \Delta t_2$,即滑行器通过 G_2 的光电门时间短,表明滑行器运动速度加快,导轨左高右低,滑行器做加速运动;若 $\Delta t_1 < \Delta t_2$,表明滑行器做减速运动,导轨左低右高,慢慢调节水平调节螺钉,Δt_1 与 Δt_2 的时间差值尽量小,直至 $\Delta t_1 = \Delta t_2$,但由于受空气的黏滞阻力的影响,$\Delta t_1 \neq \Delta t_2$,只要 Δt_1 比 Δt_2 稍微大些,即可视为导轨已基本调平了。

实验一　测定匀变速直线运动的平均速度和瞬时速度

【实验目的】

观察物体的匀变速直线运动,测定匀变速直线运动的平均速度和瞬时速度。

做直线运动的物体,在 Δt 时间内,物体经过的位移为 ΔX,则该物体在 Δt 时间内的平均速度为 $\bar{v} = \dfrac{\Delta X}{\Delta t}$。

为了精确地描述物体在某点的实际速度,时间 Δt 应该取得越小越好,Δt 越小,所求出平均速度越接近实际速度,当 $\Delta t \to 0$ 时,平均速度趋近于一个极限,即 $v = \lim\limits_{\Delta t \to 0} \dfrac{\Delta x}{\Delta t} = \lim\limits_{\Delta t \to 0} v$。这就是物体在该点的瞬时速度。

【实验方法和步骤】

1. 方法一

(1) 实验装置如图 1 所示。

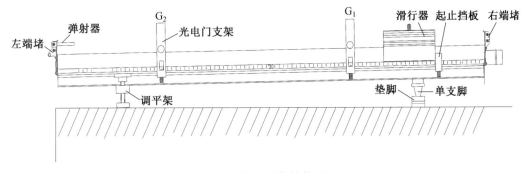

图 1　气垫导轨结构图

(2) 在导轨低端装置弹射器,用垫高块把导轨摆成倾斜状态,让滑行器从高端自由下滑,这时滑行器的运动是匀变速直线运动。

(3) 将光电门 G_1、G_2 分别置于导轨 60 cm 刻度两边等距位置 30 cm、90 cm 处,它们之间的距离为 S,起始挡板固定在最高端处。

(4) 将挡光条用 M4×10 螺栓固定在滑行器上,计时器功能选择在"间隔计时"挡,让滑行器紧靠起始挡板自由下滑,计时器将记录下滑行器通过 G_1、G_2 之间的时间 t,则这段位移内滑行器的平均速度为 $\bar{v} = \dfrac{S}{t}$。

（5）以60 cm处为中心，逐次缩短G_1、G_2间的距离，重复以上实验，计算出各次的平均速度，但应注意每次实验时，滑行器应从紧靠起始挡板的位置开始下滑。

（6）根据瞬时速度的概念，G_1、G_2之间的距离最短时，所测得的平均速度可近似认为是滑行器在60 cm处的瞬时速度。

2. 方法二

（1）实验装置如图1所示。

（2）在导轨低端装置弹射器，用垫高块将导轨摆成倾斜状态，起始挡板固定在最高端处。

（3）将光电门G_1置于导轨上70 cm处（另一光电门不用），将计时器功能选择在"间隔计时"挡上。

（4）用10 cm的挡光片固定在滑行器上，让滑行器紧靠起始挡板从高端下滑，通过光电门G_1后，计时器测出滑行器通过G_1时的时间t，按动计时器停止键，计时器就显示出t，可计算出瞬时速度$v = \dfrac{L}{t}$的数值（L为挡光片的计时宽度）。

（5）依次更换5 cm、3 cm、1 cm的挡光片，重复实验，计算v_2、v_3、v_4，根据瞬时速度的概念，挡光片最短时，所测的平均速度v_4可以近似认为是该处的瞬时速度。

实验二　　测定匀变速直线运动的加速度

【实验目的】

（1）观察物体在倾斜轨道上做匀加速直线运动。

（2）测定物体做匀加速直线运动的加速度 $a = \dfrac{v_2 - v_1}{t}$。

【实验步骤】

（1）实验装置如图1所示。

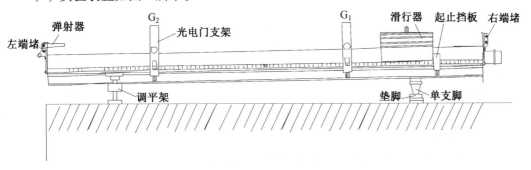

图1　气垫导轨结构图

（2）在导轨低端装置弹射器，用垫高块将导轨摆成倾斜状态，起始挡板固定在最高端处。

（3）将光电门放置在导轨的某两个位置上（以1.2 m气轨放置30 cm、90 cm处），计时器功能选择在测加速度"a"挡，用1 cm的挡光片固定在滑行器上。

（4）滑行器紧靠起始挡板，从高端自由下滑，通过两个光电门，计时器就会自动测出并显示出滑行器通过光电门 G_1、G_2 处的时间 Δt_1、Δt_2，及从 G_1 滑行到 G_2 处所用的时间 t。

（5）按所测出的时间数据，分别计算通过 G_1 和 G_2 的瞬时速度 $v_1 = \dfrac{L}{\Delta t_1}$，$v_2 = \dfrac{L}{\Delta t_2}$ 和物体运动加速度 $a = \dfrac{v_2 - v_1}{t}$ 的值。

（6）将光电门 G_1、G_2 分别置于30 cm、80 cm处和40 cm、90 cm处分别重复上述实验，用所测实验数据计算 a 值，可以验证物体做匀加速直线运动的加速度是恒量。

实验三　　验证牛顿第二定律

【实验目的】

用实验验证加速度 a 的大小与所受到的作用力 F 成正比,与物的质量 M 成反比,即 $F = Ma$ 关系。

【实验方法】

这个实验可以用两种方法进行,一种是质量 M 保持不变,通过改变牵引砝码的质量来改变作用力 F,验证 $a \propto F$ 的关系;另一种是作用力 F 保持不变,用增减滑行器上的配重砝码来改变滑行器的质量 M,验证 $a \propto \dfrac{1}{M}$ 的关系。

【实验步骤】

1. 方法一

在滑行器质量 M 不变时,验证 $a \propto F$ 的关系。

（1）实验装置如图1所示。

（2）首先在气轨的端部安装好滑轮,使其转动自如,细心调整好导轨的水平。

（3）在滑行器上装 1 cm 的挡光片,两端各装上挂钩,将拴在砝码桶（或砝码钩）上的细线跨过滑轮并通过堵板上的方孔挂在滑行器的挂钩上。

（4）将起始挡板固定在导轨高端适当位置上,并将两个光电门置于导轨的相应位置上（如30 cm 和80 cm 处）,注意在砝码桶（或砝码钩）着地前,滑行器要能通过靠近滑轮一侧的光电门。

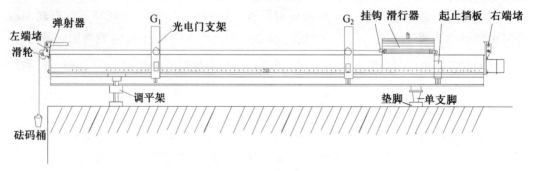

图1　气垫导轨结构图

（5）计时器的功能选择在"a"挡,在砝码桶（或砝码钩）内加上一定质量的砝码（如5 g,但不要超过 30 g）,导轨通气,让滑行器从起始挡板处开始运动,通过两个光电门,计时器会自动测出并直接显示出加速度 a 的数据。

（6）用天平准确称出滑行器总质量（包括细线）m_1，牵引砝码桶（或砝码钩）和砝码的质量 m_2，计算运动系统总质量 $M = m_1 + m_2$，作用力 $F = m_2 g$（g 为当地的重力加速度）。

（7）逐次改变牵引砝码的质量（如 10 g、15 g），重复按上述方法分别测出加速度 a 值。由测出数据计算，可得 $\dfrac{a_2}{a_1} = \dfrac{F_2}{F_1}$，$\dfrac{a_3}{a_2} = \dfrac{F_3}{F_2}$ 的关系，在误差范围内验证了 $a \propto F$ 的比例关系。注意每次实验滑行器要紧靠起始挡板轻轻开始运动。

2. 方法二

在作用力 F 不变时，验证 $a \propto \dfrac{1}{M}$ 关系。

（1）实验步骤按实验方法一中的（1）、（2）、（3）。

（2）计时器的功能选择"a"挡，在砝码桶（或砝码钩）内加上一定质量的砝码（如 15 g），导轨通气，让滑行器从起始挡板开始运动，通过两个光电门，计时器会自动测出并显示加速度 a 数值。

（3）用天平准确称出滑行器总质量（包括细线）m_1，牵引砝码桶（或砝码钩）和砝码的质量 m_2，计算运动系统总质量 $M = m_1 + m_2$。

（4）牵引砝码 15 g 作用力固定不变，逐次在滑行器两侧的"T"形槽上加上相同的配重砝码，重复上述实验，分别测出显示加速度 a 值。按测出数据计算可得 $\dfrac{a_1}{a_2} = \dfrac{M_2}{M_1}$，$\dfrac{a_3}{a_2} = \dfrac{M_2}{M_3}$ 的关系，在误差范围内验证了 $a \propto \dfrac{1}{M}$ 的比例关系。

实训项目　安装收音机

一、收音机简介

1. 音频信号的传输和接收

收音机接收到的声音是从广播电台发射来的。电台发射的无线电波是频率很高(大于 10^6 Hz)的电磁波,音频信号($10^2 \sim 10^4$ Hz)加载在高频无线电波上(此过程称调制),被调制的高频电波发送到空中传播。收音机的作用是:

① 接收电台发来的高频电波;

② 将音频信号从无线电波中取出并放大(此过程称检波);

③ 通过扬声器将音频电信号还原成声音。

上述过程就好像飞机空运邮件。邮件是音频信号,飞机是高频无线电波。邮件通过飞机运载到收音机,再从飞机上卸下来,就是检波。

广播声音从电台发射,以及收音机接收的过程可用图 1 和图 2 分别表示。

2. 收音机的分类

晶体管收音机分两大类:直接放大式(直放式)和超外差式两种。

(1)直放式收音机。

在接收高频载波信号后,直放式收音机将高频信号直接放大,然后检出音频信号,进行低频放大和功率放大,输到扬声器,发出声音。如图 3 所示。这类收音机的优点是电路简单,装配和调试都较容易。它的缺点是选择性和灵敏度较差,适合于接收近距离的电台。

(2)超外差式收音机。

在接收高频载波信号后,超外差式收音机通过变频器电路将高频信号变换为固定频率(465 kHz)的中频信号(变换前后仅是载波频率的改变,而音频信号包络线不变),再加以放大,即中频放大,这就是超外差式电路。然后从中频信号检出低频信号,进行低频放大和功率放大,输到扬声器,发出声音,如图 4 所示。这种超外差式收音机的优点是:

① 由于变频后为固定的中频信号,频率较低容易得到较大的放大量,克服直接放大高频信号而产生哨叫的问题,收音机的灵敏度可以做得很高。

② 由于外来高频信号都变成一个固定的中频信号,解决了不同频率的电台信号放大不均匀的问题。

③ 由于变频电路具有抑制干扰信号的性能,从而提高了收音机的选择性。超外差式收音机的方框图如图 4 所示。

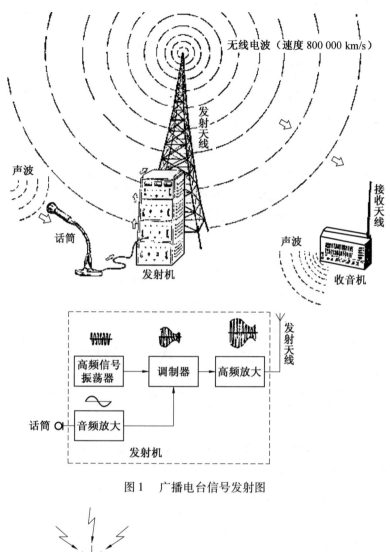

图 1　广播电台信号发射图

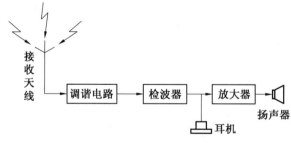

图 2　收音机接收信号图

二、ZX - 2023 型直放式收音机的安装和调试

1. 安装前的准备工作

（1）清点和检测元器件。按照元件清单表（表 1）清点和检测各元器件,缺少的补足,不合格的可更换。

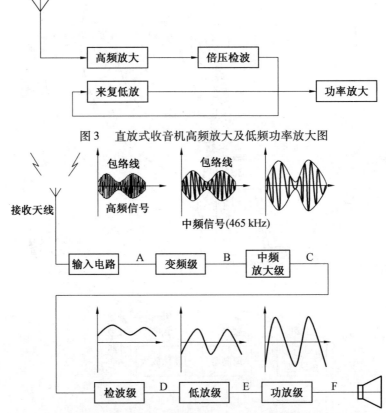

图3 直放式收音机高频放大及低频功率放大图

图4 超外差式收音机高频放大及低频功率放大图

表1 2X－2023型直放式收音机元器件清单

序号	名称	型号规格	位号	数量	序号	名称	型号规格	位号	数量
1	集成块	D7642	IC	1块	12	导线			4根
2	三极管	9012、9014	VT_2、VT_1	各1只	13	线路板			1块
3	电阻器	470、680	R_3、R_5	各1只	14	前盖、后盖			1套
4	电阻器	1.5 kΩ、100 kΩ、68 kΩ	R_2、R_1、R_4	各1只	15	刻度板			1块
5	电位器	5 kΩ	R_P	1只	16	大、小拨盘支架	3件		各1个
6	瓷片电容	103、103、104	C_6、C_2、C_3	各1只	17	正、负极连体簧片			1套
7	电解电容	4.7 μF、10 μF	C_5、C_4	各1只	18	圆机螺丝	φ1.6 × 5 mm		1颗
8	电解电容	100 μF	C_1、C_7	2只	19	平机螺丝	φ2.5 × 5 mm		3颗
9	双联电容	CBM－223		1只	20	自攻螺丝	φ2.2 × 5 mm		1颗
10	磁棒线圈	5 mm × 15 mm × 55 mm	T	1套	21	装配说明			1份
11	扬声器	φ58 8 kΩ	BL	1个					

下面对元器件做具体说明：

① 电阻器（R_1、R_2、R_3、R_4、R_5）的电阻值用色环标示。详见图5。

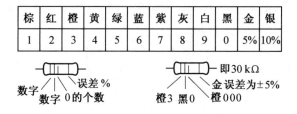

棕	红	橙	黄	绿	蓝	紫	灰	白	黑	金	银
1	2	3	4	5	6	7	8	9	0	5%	10%

图5　色环电阻示意图

［示例］：R_1 = 100 kΩ 色环顺序（棕黑黄）即 100 000 Ω

R_2 = 1.5 kΩ 色环顺序（棕绿红）即 1 500 Ω

清点5个电阻后，一定要用万用表检测各个电阻器的阻值，确认每个电阻值正确无误。

② 瓷片电容（C_2、C_3、C_6）的电容值标示在表面上，如图6所示。但要注意第三位数字是代表 0 的个数，单位是 pF。

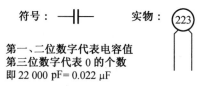

图6　瓷片电容计算示意图

③ 电解电容（C_1、C_4、C_5、C_7）的电容值标示在表面上，单位是 μF。要特别注意电解电容是有正负极性的。长脚为正极，短脚为负极。详见图7。

图7　电解电容示意图

④ 集成块（IC）和三极管（VT_1、VT_2）。集成块 IC 的型号是 D7642，标示在器件的平面处的表面上。集成块有三条管脚，用数字（1、2、3）表示，如图8所示。安装电路板时，切记各管脚的位置不能混乱。

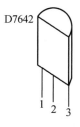

图8　集成块管脚示意图

三极管（VT_1、VT_2）的型号是9014和9012,分别标示在器件的表面上。三极管的三个管脚用字母（e、b、c）表示,如图9所示。安装电路板时,切记三条管脚的位置不能混乱。

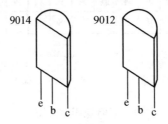

图9　三极管管脚示意图

⑤磁棒线圈（T）是用漆包线绕制而成的两组线圈。初级线圈（ab）100匝,次级线圈（cd）10匝,匝数差别很容易区分,如图10所示。安装电路板时,切记四条引线（a、b、c、d）的位置不能混乱。可用万用表检测（a、b）是否通路,（c、d）是否通路。注意在检测之前要先把四条引线头的外包漆清除掉。

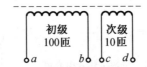

图10　磁棒线圈引线头示意图

（2）熟悉电路和印刷电路板。

ZX－2023型直放式收音机由3 V低压电源供电,收音机电路由输入电路、高放兼检波级（由集成电路D7642完成）、低放级和功放级（由两只晶体管9014和9012完成）等部件组成,电路图如图11所示。

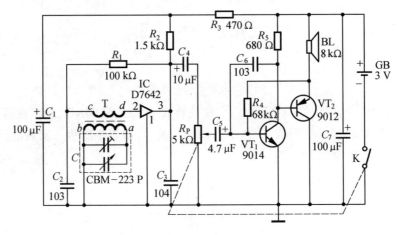

图11　2X－2023型直放式收音机电路图

认识电路从图的左端开始,图中标记的位号与元器件的位号是一一对应的,各个电台的高频信号从磁棒线圈（T）的初级引线头 a、b 输入,经过由双联电容器 CBM 和线圈（a、b）组成的调谐电路,选出应接收的某个电台信号,耦合到次级线圈（c、d）,直接送入集成块 IC 的 2 端,由 D7642 集成电路进行高频放大和检波,检出的音频信号从 3 端输出,经过电解电容 C_4 和可调电位器 R_P,再经由 C_5 耦合到三极管 VT_1 做低频电压放大和 VT_2 做功率放大,然后送至扬声器 BL 播放节目。3 V 电池 GB 位于图的最右端。

印刷电路板是由塑料板与铜箔板胶合而成的。在塑料板上标示元器件符号,在铜箔板上印制电路,并钻有元器件插孔。元器件装配在塑料板上,可直立放或横放,根据元器件的情况而定。元器件的接线头插入孔内,穿过塑料板露出线头在铜箔板上焊接。铜板上的电路由一层绝缘漆覆盖,仅裸露出插孔上一个铜圆点,供焊锡连接。塑料板上的元器件配置如图 12 所示。

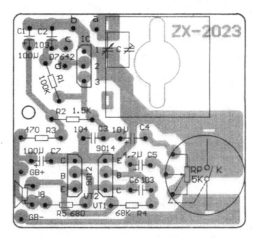

图 12　印刷电路板图

2. 焊接元器件

(1)元器件引脚处理。采用卧式安装的元器件应先将引脚按印刷电路板图上的插孔位置加工成直角形,磁棒线圈 a、b、c、d 四个引线头应用刮刀清除外包漆,然后上锡。

(2)元器件安装焊接顺序。(要严格按顺序焊接)

① 电阻器 R_1、R_2、R_3、R_4、R_5。

② 瓷片电容 C_2、C_3、C_6。

③ 电解电容 C_1、C_4、C_5、C_7。

④ 电位器 R_P。

⑤ 双联电容 CBM。

⑥ 集成块 IC。

⑦ 三极管 VT_1、VT_2。

⑧ 磁棒线圈 T(a、b、c、d)。

⑨ 扬声器 BL。

⑩ 电源线 ±GB。

(3)焊接注意事项。

① 严格按以上先后顺序安装焊接元器件,不能随意颠倒次序焊接。

② 焊接电阻器前一定要用万用表检测一下电阻值,保证不出错。

③ 电解电容有正负极之分,集成块和三极管的三个引脚方向不能插错。

④ 磁棒线圈四条引线不能插错,最好用万用表检查清楚。

⑤ 焊接各元器件的时间要短,一次不成功应等元器件冷却后再焊,以免元器件过热损坏。

3. 调试方法

(1)测量本机静态电流,安装 3 V 电池后,断开电源开关 K,将万用表黑表笔接电源负极,红表笔接电位器的另一端,测量静态电流为 10 ~ 100 mA。若电流近于 0,说明电路有断路,若电流趋向很大,说明电路有短路。

(2)测量 VT$_2$、VT$_1$、IC 管脚电压。用万用表黑表笔接地,红表笔接各管脚测试点。分别记录管脚电压值。

(3)调节线圈 T 在磁棒的位置。将双联电容动片旋转到中部位置(约 90°),细微旋动双联电容,使之能接收到电台的节目。调节线圈 T 在磁棒的位置,使声音最佳,用石蜡固定。

三、S66E 超外差式收音机安装和调试

1. 安装前的准备工作

(1)清点和检测元器件。按照元器件清单(表 2)清点和检测各元器件,缺少的补足,不合格的可更换。

表 2　S66E 超外差式收音机元器件清单

序号	名称	型号规格	位号	数量	序号	名称	型号规格	位号	数量
1	三极管	9018	VT$_1$、2、3	3 只	18	瓷片电容	682、103	C$_2$、C$_1$	各 1 只
2	三极管	9014	VT$_4$	1 只	19	电瓷片电容	223	C$_4$、C$_5$、C$_7$	3 只
3	三极管	9013H	VT$_5$、VT$_6$	2 只	20	双联电容		CA	1 只
4	发光管		LED	1 只	21	收音机前盖			1 个
5	磁棒线圈		T$_1$	1 套	22	收音机后盖			1 个
6	中周(中频变压器)	红、白、黑	T$_2$、T$_3$、T$_4$	3 个	23	刻度板、音窗			各 1 个
7	输入变压器		T$_5$	1 个	24	双联拨盘			1 个
8	扬声器		BL	1 个	25	电位器拨盘			1 个
9	电阻器	100 Ω	R$_6$、R$_8$、R$_{10}$	3 只	26	磁棒支架			1 个
10	电阻器	120 Ω	R$_7$、R$_9$	2 只	27	印刷电路板			1 块
11	电阻器	330 Ω、1.8 kΩ	R$_{11}$、R$_2$	各 1 只	28	电路原理图及装配说明			1 份
12	电阻器	30 kΩ、100 kΩ	R$_4$、R$_5$	各 1 只	29	电池正负极片3 件			1 套
13	电阻器	120 kΩ、200 kΩ	R$_3$、R$_1$	各 1 只	30	连接导线			4 根
14	电位器	5 kΩ	R$_P$	1 只	31	耳机插座		J	1 个
15	电解电容	0.47 μF	C$_6$	1 只	32	双联及拨盘螺丝			3 颗
16	电解电容	10 μF	C$_3$	1 只	33	电位器拨盘螺丝			1 颗
17	电解电容	100 μF	C$_8$、C$_9$	2 只	34	自攻螺丝			1 颗

下面对元器件做具体说明：

① 电阻器（R_1、R_2、R_3、R_4、R_5、R_6、R_7、R_8、R_9、R_{10}、R_{11}）的电阻值用色环标示。（详见图5）

清点11个电阻之后，一定要用万用表检测各个电阻器的阻值。确认每个电阻值正确无误。

② 瓷片电容（C_1、C_2、C_4、C_5、C_7）的电容值标示在表面上。如图6所示。

③ 电解电容（C_3、C_6、C_8、C_9）的电容值标示在表面上。单位是 μF。电解电容有正负极性，长脚为正，短脚为负，详见图7。

④ 三极管（VT_1、VT_2、VT_3、VT_4、VT_5、VT_6）。三极管（VT_1、VT_2、VT_3）的型号是9018，（VT_4）的型号是9014，（VT_5、VT_6）的型号是9013H，分别标示在器件的表面上。三个管脚（e、b、c）如图9所示。

⑤ 磁棒线圈（T_1）是用漆包线绕制而成两组线圈。四条引线（a、b、c、d）如图10所示。

⑥ 中周（T_2、T_3、T_4）分别用红、白、黑三色表示，三个中周全称是中频变压器，外形相似，在电路板上位置不能混乱。

⑦ 输入变压器（T_5）有6条引线，分布在左右各三条，分别对应变压器的初级和次级线圈。初级端有一个小黑点做标志，对应在电路板上也有一个小黑点，安装时绝对不能混错。

（2）熟悉电路和印刷电路板。

S66E型超外差式收音机由3V低电源供电，收音机电路由输入回路、高放混频级、中频放大级、前置低放兼检波级、低放级和功放级等部分组成。电路图如图13所示。

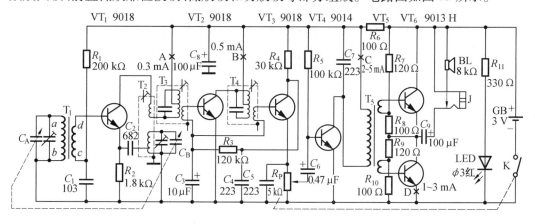

图13 电路图

认识电路从图的左端开始，图中标记的符号与元器件的位号是一一对应的，各个电台的高频信号从磁棒线圈（T_1）的初级引线头 a、b 输入，经过由双联电容器 C_A 和线圈（a、b）组成的调谐电路，选出应接收的某个电台信号记为 $f_信$，耦合到次级线圈（c、d），送入高放混频级 VT_1 的基极 b，双联电容 C_B 和中周 T_2 的一组线圈组成的振荡电路产生一个本机振荡信号记为 $f_振$，设计时使得 $f_振 = f_信 + 465\ kHz$。将 $f_振$ 送入 VT_1 的发射极，于是电台信号 $f_信$

和本机振荡信号 $f_{振}$ 同时加在高放混频级 VT$_1$ 管内进行混频。VT$_1$ 的集电极将会同时输出 $f_{信}$、$f_{振}$、$(f_{信}+f_{振})$ 和 $(f_{信}-f_{振})$ 等一系混合信号,此过程称混频。然后由中周 T$_2$ 和 T$_3$ 选出 $f_{振}-f_{信}=465\ \text{kHz}$ 的固定中频信号选入中频放大级 VT$_2$,再由中周 T$_4$ 将放大的中频信号耦合到检波级 VT$_3$ 进行检波,即把音频信号从中频载波中检出并做低频(即音频)前置放大,经放大后的音频信号由可变电位器 R_P 和电容 C_6 送到低放级再次进行电压放大,输入变压器 T$_5$ 将放大了的音频信号耦合到功放级 VT$_5$ 和 VT$_6$ 进行功率放大,最后输送到扬声器 BL 播放节目。3 V 电池 GB 位于图的最右端。

印刷电路板是由塑料板和铜箔板胶合而成,在塑料板上标示元器件符号,在铜箔板上印制电路,并钻有元器件插孔。元器件装配在塑料板上,可直立放或横放,根据元器件的情况而定。元器件的接线头插入孔内,穿过塑料板露出线头,在铜箔板上焊接。铜板上的电路由一层绝缘漆覆盖,仅裸露出插孔上一个铜圆点,供焊锡连接。塑料板上的元器件配置如图 14 所示。

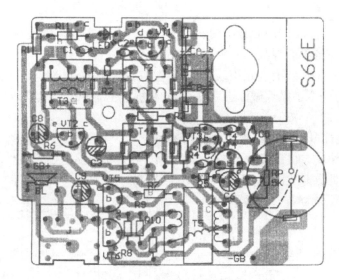

图 14　印刷电路板图

2. 焊接元器件

(1)元器件引脚处理。采用卧式安装的元器件应先将引脚按印刷电路板图上的插孔位置加工成直角形,磁棒线圈 a、b、c、d 四个引线头应用刮刀清除外包漆,然后上锡。

(2)元器件安装焊接顺序。(要严格按顺序焊接)

① 电阻器 R_1、R_2、R_3、R_4、R_5、R_6、R_7、R_8、R_9、R_{10}、R_{11}。

② 瓷片电容 C_1、C_2、C_4、C_5、C_7。

③ 电解电容 C_3、C_6、C_8、C_9。

④ 中周 T$_2$、T$_3$、T$_4$。

⑤ 电位器 R_P。

⑥ 输入变压器 T$_5$。

⑦ 双联电容 C_A、C_B。

⑧ 耳机插座 J。

⑨ 三极管VT_1、VT_2、VT_3、VT_4、VT_5、VT_6。

⑩ 发光二极管 LED。

⑪ 磁棒线圈 $T_1(a、b、c、d)$。

⑫ 扬声器 BL。

⑬ 电源线　±GB。

（3）焊接注意事项。

① 严格按以上先后顺序安装焊接元器件，不能随意颠倒次序焊接。

② 焊接电阻器前一定要用万用表检测一下电阻值，保证不错误。

③ 电解电容有正负极之分，三极管的三个引脚方向不能插错。

④ 磁棒线圈四条引线不能插错，最好用万用表检查清楚。

⑤ 焊接各元器件的时间要短，一次不成功应等元器件冷却后再焊，以免元器件过热损坏。

3. 调试方法

（1）测量本机静态电流，安装3 V电池后，断开电源开关K，将万用表黑表笔接电源负极，红表笔接电位器的另一端，测量静态电流约10 mA。若电流近于0，说明电路有断路，若电流趋向很大，说明电路有短路。

（2）测量各个三极管的静态工作电流。在印刷电路板的铜箔面上找到A、B、C、D四个电流缺口，在电路图上分别标示×处记号为A、B、C、D并标有电流的参考值。测量电流前将电位器 R_P 的开关接通，音量旋至最小。用万用表分别依次测量D、C、B、A四个电流缺口，并准确完整记录，若被测量的数值与电路图上标示的参考值相近，说明三极管工作正常，可用烙铁将四个缺口依次连通。若被测量值为0，说明该管的电路断路；若被测量值趋于很大，说明该管的电路短路，应检查电路，找出原因，解决故障后才能接通缺口。

（3）测量VT_1、VT_2、VT_3、VT_4、VT_5、VT_6各管脚的电压。用万用表黑表笔接地，红表笔接各管脚的测试点，分别记录各管脚电压值。

（4）调节电位器，将音量调大，细微调节双联电容拨盘即可收到多个电台的节目。

附　录

附录一　常用物理常数表

1998 年国际推荐值见表 1，括弧内数字是不确定度值，与主值的末位取齐。

表 1　常用物理常数表

物理常数	符　号	数　值	相对不确定度 (10^{-6})
真空光速	c	299 792 458 m·s^{-1}	（精确）
真空电容率	ε_0	8.854 187 817… $\times 10^{-12}$ F·m^{-1}	（精确）
真空磁导率	μ_0	$4\pi \times 10^{-7}$ H·m^{-1}	（精确）
引力常量	G	6.672 59(85) $\times 10^{-11}$ m^3·kg^{-1}·s^{-2}	128
普朗克常量	h	6.626 075 5(40) $\times 10^{-34}$ J·s	0.60
		4.135 669 2(12) $\times 10^{-15}$ eV·s	0.30
	$\hbar = \dfrac{h}{2\pi}$	1.054 572 66(63) $\times 10^{-34}$ J·s	0.60
		6.582 122 0(20) $\times 10^{-16}$ eV·s	0.30
阿伏伽德罗常量	N_A	6.022 136 7(36) $\times 10^{23}$ mol^{-1}	0.59
原子质量单位	u	1.660 540 2(10) $\times 10^{-27}$ kg	0.59
		931.494 32(28) MeV/c^2	0.30
摩尔气体常量	R	8.314 510(70) J·mol^{-1}·K^{-1}	8.4
玻尔兹曼常量	k	1.380 658(12) $\times 10^{-23}$ J·K^{-1}	8.5
		8.617 385(73) $\times 10^{-5}$ eV·K^{-1}	8.4
摩尔体积(STP)	V_m	0.022 414 10(19) m^3·mol^{-1}	8.4
斯忒藩— 玻尔兹曼常量	σ	5.670 51(19) $\times 10^{-8}$ W·m^{-2}·K^{-4}	34
电子伏	eV	1.602 177 33(49) $\times 10^{-19}$ J	0.30
标准大气压	atm	101 325 Pa	（精确）
标准重力加速度	g	9.806 65 m·s^{-2}	（精确）
基本电荷	e	1.602 177 33(49) $\times 10^{-19}$ C	0.30

续表1

物理常数	符　号	数　值	相对不确定度（10^{-6}）
磁通量子	$\phi_2 = \dfrac{h}{2e}$	$2.067\ 834\ 61(61) \times 10^{-15}\ \text{Wb}$	0.30
量子霍尔电导	e^2/h	$3.874\ 046\ 14(17) \times 10^{-5}\ \text{S}$	0.30
玻尔磁子	$\mu_B = eh/2m_e$	$9.274\ 015\ 4(31) \times 10^{-24}\ \text{A} \cdot \text{m}^2$	0.34
		$5.788\ 382\ 63(52) \times 10^{-5}\ \text{eV} \cdot \text{T}^{-1}$	0.089
核磁子	$\mu_N = eh/2m_P$	$5.057\ 866(17) \times 10^{-27}\ \text{A} \cdot \text{m}^2$	0.34
		$3.152\ 451\ 66(28) \times 10^{-8}\ \text{eV} \cdot \text{T}^{-1}$	0.089
精细结构常数	$\alpha = e^2/4\pi\varepsilon_0 hc$	$1/137.035\ 989\ 5(61)$	0.045
里德伯常量	R_∞	$10\ 973\ 731.534(13)\ \text{m}^{-1}$	0.0012
玻尔半径	$a_0 = 4\pi\varepsilon_0 h^2/m_e e^2$	$0.529\ 177\ 249(24) \times 10^{-10}\ \text{m}$	0.045
电子质量	m_e	$9.109\ 389\ 7(54) \times 10^{-31}\ \text{kg}$	0.59
		$5.485\ 799\ 03(13) \times 10^{-4}\ \text{u}$	0.023
		$0.510\ 999\ 06(15)\ \text{MeV/c}^2$	0.30
经典电子半径	R_e	$2.817\ 940\ 92(38) \times 10^{-15}\ \text{m}$	0.13
质子质量	m_p	$1.672\ 623\ 1(10) \times 10^{-27}\ \text{kg}$	0.59
		$938.272\ 31(28)\ \text{MeV/c}^2$	0.30

附录二　中华人民共和国法定计量单位

我国的法定计量单位(以下简称法定单位)包括:

(1) 国际单位制(SI)的基本单位(见表1);

(2) 国际单位的辅助单位(见表2);

(3) 国际单位制中具有专门名称的导出单位(见表3);

(4) 国际单位制中具有专门名称的导出单位其他单位(见表4);

(5) 可与国际单位制并用的我国法定计量单位(见表5);

(6) 由词头和以上单位所构成的十进倍数和分数单位(词头见表6)。

表1　国际单位制的基本单位

量的名称	单位名称	单位符号
长度	米	m
质量	千克(公斤)	kg
时间	秒	s
电流	安[培]	A
热力学温度	开[尔文]	K
物质的量	摩[尔]	mol
发光强度	坎[德拉]	cd

表2　国际单位制的辅助单位

量的名称	单位名称	单位符号
[平面]角	弧度	rad
立体角	球面度	sr

表3　国际单位制中具有专门名称的导出单位

物理量	中华人民共和国用的单位名称	单位符号	用其他单位的表示法
频率	赫[兹]	Hz	s^{-1}
力;重力	牛[顿]	N	$m \cdot kg \cdot s^{-2}$
压力,压强;应力	帕[斯卡]	Pa	$N \cdot m^{-2}$
能[量];功;热量	焦[耳]	J	$N \cdot m$
功率;辐射通量	瓦[特]	W	$J \cdot s^{-1}$
电荷[量]	库[仑]	C	$A \cdot s$

续表3

物理量	中华人民共和国用 的单位名称	单位符号	用其他单位 的表示法
电位;电压;电动势	伏[特]	V	$W \cdot A^{-1}$
电容	法[拉]	F	$C \cdot V^{-1}$
电阻	欧[姆]	Ω	$V \cdot A^{-1}$
电导	西[门子]	S	$A \cdot V^{-1}$
磁通[量]	韦[伯]	Wb	$V \cdot s$
磁通量密度;磁感应强度	特[斯拉]	T	$V \cdot s \cdot m^{-2}$
电感	亨[利]	H	$V \cdot s \cdot A^{-1}$
摄氏温度	摄氏度	℃	K
光通量	流[明]	lm	$cd \cdot sr$
[光]照度	勒[克斯]	lx	$cd \cdot sr \cdot m^{-2}$
[放射性]活度	贝可[勒尔]	Bq	s^{-1}
吸收剂量	戈[瑞]	Gy	$J \cdot kg^{-1}$
剂量当量	希[沃特]	Sv	$J \cdot kg^{-1}$

表4　国际单位制中具有专门名称的导出单位其他单位

物理量	中华人民共和国用 的单位名称	单位符号
面积	平方米	m^2
体积	立方米	m^3
速率,速度	米每秒	m/s
角速度	弧度每秒	rad/s
加速度	米每二次方秒	m/s^2
力矩	牛[顿]米	$N \cdot m$
波数	每米	m^{-1}
密度	千克每立方米	kg/m^3
比容	立方米每千克	m^3/kg
物质浓度	摩[尔]每立方米	mol/m^3
摩尔体积	立方米每摩[尔]	m^3/mol
热容量,熵	焦[耳]每开[尔文]	J/K
摩尔熵 摩尔热容量	焦[耳]每摩[尔]开[尔文]	$J/(mol \cdot K)$

续表4

物理量	中华人民共和国用的单位名称	单位符号
比热容量,比熵	焦[耳]每千克开[尔文]	$J/(kg \cdot K)$
摩尔能	焦[耳]每摩[尔]	J/mol
比能	焦[耳]每千克	J/kg
能量密度	焦[耳]每立方米	J/m^3
表面张力	牛[顿]每米	N/m
热通量密度,辐射照度,功率密度	瓦[特]每平方米	W/m^2
导热系数	瓦[特]每开[尔文]米	$W/(K \cdot m)$
动黏度	平方米每秒	m^2/s
黏度	帕[斯卡]秒	$Pa \cdot s$
电量密度	库[仑]每立方米	C/m^3
电流密度	安[培]每平方米	A/m^2
电导率	西[门子]每米	S/m
摩尔电导率	西[门子]平方米每摩[尔]	$S \cdot m^2/mol$
介电系数(电容率)	法[拉]每米	F/m
磁导率	亨[利]每米	H/m
电场强度	伏[特]每米	V/m
磁场强度	安[培]每米	A/m
亮度	坎[德拉]每平方米	cd/m^2
照射(暴露)(X 及 γ 射线)	库[仑]每千克	C/kg
吸收剂量率	戈[瑞]每秒	Gy/s

表5　可与国际单位制并用的我国法定计量单位

量的名称	单位名称	单位符号	与 SI 单位的关系
时间	分	min	$1 \ min = 60 \ s$
	[小]时	h	$1 \ h = 60 \ min = 3\ 600 \ s$
	日,(天)	d	$1 \ d = 24 \ h = 86\ 400 \ s$
[平面]角	度	(°)	$1° = (\pi/180) rad$
	[角]分	(′)	$1' = (1/60)° = (\pi/10\ 800) rad$
	[角]秒	(″)	$1'' = (1/60)' = (\pi/648\ 000) rad$
体积,容积	升	L(1)	$1 \ L = 1 \ dm^3 = 10^{-3} m^3$

续表5

量的名称	单位名称	单位符号	与SI单位的关系
质量	吨 原子质量单位	t u	$1\ t = 10^3\ kg$ $1\ u \approx 1.660\ 540\ 2 \times 10^{-27}\ kg$
旋转速度	转每分	r/min	$1\ r/min = (1/60)\ s^{-1}$
长度	海里	n mile	$1\ n\ mile = 1\ 852\ m$ （只用于航行）
速度	节	kn	$1\ kn = 1\ n\ mile/h = (1\ 852/3\ 600)\ m/s$ （只用于航行）
能	电子伏	eV	$1\ eV \approx 1.602\ 177 \times 10^{-19}\ J$
级差	分贝	dB	用于对数量
线密度	特［克斯］	tex	$1\ tex = 1\ g/km$
面积	公顷	hm^2	$1\ hm^2 = 10^4\ m^2$

表6　词头

因数	英文	中文	符号
10^{24}	yotta	尧［它］	Y
10^{21}	zetta	泽［它］	Z
10^{18}	exa	艾［可萨］	E
10^{15}	peta	拍［它］	P
10^{12}	tera	太［拉］	T
10^{9}	giga	吉［咖］	G
10^{6}	mega	兆	M
10^{3}	kilo	千	k
10^{2}	hecto	百	h
10^{1}	deca	十	da
10^{-1}	deci	分	d
10^{-2}	centi	厘	c
10^{-3}	milli	毫	m
10^{-6}	micro	微	μ
10^{-9}	nano	纳［诺］	n

续表6

因数	英文	中文	符号
10^{-12}	pico	皮[可]	p
10^{-15}	femto	飞[母托]	f
10^{-18}	atto	阿[托]	a
10^{-21}	zepto	仄[普托]	z
10^{-24}	yocto	幺[科托]	y

读者反馈表

尊敬的读者:

您好! 感谢您多年来对哈尔滨工业大学出版社的支持与厚爱! 为了更好地满足您的需要,提供更好的服务,希望您对本书提出宝贵意见,将下表填好后,寄回我社或登录我社网站(http://hitpress.hit.edu.cn)进行填写。谢谢! 您可享有的权益:

☆ 免费获得我社的最新图书书目 　　☆ 可参加不定期的促销活动
☆ 解答阅读中遇到的问题 　　☆ 购买此系列图书可优惠

读者信息

姓名_____　　□先生　□女士　　　年龄_____　　学历_____

工作单位_____　　　职务_____

E-mail _____　　邮编_____

通讯地址_____

购书名称_____　　购书地点_____

---

1. 您对本书的评价

内容质量　　□很好　　　□较好　　　□一般　　　□较差
封面设计　　□很好　　　□一般　　　□较差
编排　　　　□利于阅读　□一般　　　□较差
本书定价　　□偏高　　　□合适　　　□偏低

2. 在您获取专业知识和专业信息的主要渠道中,排在前三位的是:
①_____ 　　②_____ 　　③_____
A.网络 B.期刊 C.图书 D.报纸 E.电视 F.会议 G.内部交流 H.其他:_____

3. 您认为编写最好的专业图书(国内外)

书名	著作者	出版社	出版日期	定价

4. 您是否愿意与我们合作,参与编写、编译、翻译图书?

_____

5. 您还需要阅读哪些图书?

网址:http://hitpress.hit.edu.cn
技术支持与课件下载:网站课件下载区
服务邮箱 wenbinzh@hit.edu.cn　duyanwell@163.com
邮购电话 0451-86281013　0451-86418760
组稿编辑及联系方式　赵文斌(0451-86281226)　杜燕(0451-86281408)
回寄地址:黑龙江省哈尔滨市南岗区复华四道街10号　哈尔滨工业大学出版社
邮编:150006　传真 0451-86414049